涡旋真空泵理论与实践

巴德纯　岳向吉　著

科学出版社

北　京

内 容 简 介

涡旋真空泵具有工作压力范围宽、振动噪声小、清洁度高等特点,因此在许多重要领域被越来越广泛地应用。本书从真空和真空获得设备的介绍开始,主要对涡旋型线几何理论及涡旋真空泵结构,涡旋真空泵力学、热力学、传热学、流体力学分析及其噪声和应用等进行详尽阐述。

本书可供真空泵设计及应用领域的科研和工程技术人员,以及高校相关专业的师生参考。

图书在版编目(CIP)数据

涡旋真空泵理论与实践/巴德纯,岳向吉著. —北京: 科学出版社,2022.3
ISBN 978-7-03-071846-4

Ⅰ. ①涡… Ⅱ. ①巴… ②岳… Ⅲ. ①真空泵 Ⅳ. ①TB752

中国版本图书馆 CIP 数据核字(2022)第 041396 号

责任编辑:姜 红 常友丽 / 责任校对:彭珍珍
责任印制:赵 博 / 封面设计:无极书装

科 学 出 版 社 出版
北京东黄城根北街 16 号
邮政编码:100717
http://www.sciencep.com
固安县铭成印刷有限公司印刷
科学出版社发行 各地新华书店经销
*
2022 年 3 月第 一 版 开本:720×1000 1/16
2025 年 1 月第二次印刷 印张:10 1/2
字数:212 000
定价:99.00 元
(如有印装质量问题,我社负责调换)

前　言

　　涡旋式流体机械理论的提出可以追溯到 19 世纪末 20 世纪初。由于早期的制造工艺和测试技术制约了高精度涡旋盘的加工和检测，涡旋式流体机械理论在随后相当长的时间里都没有得到深入的研究和突破性的进展。随着数控加工技术的发展，以及经济社会对节能和环保的要求，效率高、振动噪声小、运转平稳的涡旋压缩机首先进入实用化和产业化阶段。进入 20 世纪末期，半导体、制药、航空航天、科学仪器等行业对清洁真空环境的需要推动了涡旋干式真空泵的研究和开发。涡旋干式真空泵清洁无油、性能可靠、转矩变化小、适应恶劣运行条件能力强，因此在许多重要领域得到了越来越多的应用，成为清洁真空获得领域的重要设备。

　　本书主要对涡旋型线几何理论和涡旋干式真空泵结构、零部件受力、热力过程和传热等进行较为详细的分析和阐述。考虑应用领域对真空泵的噪声越来越重视，本书也介绍了噪声评价的基础知识和实验方法，给出了不同入口压力下涡旋干式真空泵的噪声测试结果及使用消声器的降噪效果（这在其他文献中并不多见），供读者参考。

　　近年来，计算流体力学（computational fluid dynamics，CFD）发展迅速并被应用于流体机械内部流场的研究。本书介绍了 CFD 的基础知识和涡旋干式真空泵 CFD 模拟的建模方法，其中，作者和课题组在 CFD 分析实践中总结并逐渐发展的动网格方法是实现流体机械 CFD 模拟分析的关键。书中给出了模拟结果，并对泵内的流动过程，以及压力场、温度场的分布等进行了分析。CFD 是研究和设计工具，通过 CFD 模拟可以开展数值实验对设计结果进行评价，也可以为设计改进提供详尽的流场、热场信息。

　　本书由巴德纯、岳向吉著，博士生张英莉、丁佳男为本书出版做了大量工作。在撰写过程中，作者参阅了大量参考文献，总结了多年来的科研实践成果和教学经验，得到了多方的支持和帮助，其中中国科学院沈阳科学仪器股份有限公司王光玉研究员、孔祥玲研究员为本书提出了许多宝贵意见，在此对有关单位、专家和朋友致以衷心的感谢！

本书得到了科技部国家重大科学仪器设备开发专项课题"涡旋干泵流场及热场分析"（2013YQ24042101）和东北大学王志全（神州高铁）教育基金的大力资助，在此表示诚挚的谢意！

由于作者水平有限，不当之处在所难免，敬请读者批评指正。

作　者

2021 年 10 月

目　录

第 1 章

绪　　论

1.1　真　　空

与人们通常生活中所说的"真空"含义不同,在真空科学与技术中,"真空"是指压力低于一个标准大气压(101325Pa)的气体状态。在真空状态下,气体较正常大气状态稀薄,单位体积内气体分子数目较少,气体分子之间或分子与其他质点(离子、电子等)之间或分子与器壁之间相互碰撞的次数较少[1]。基于这一特点,真空技术已广泛应用于科学研究、工业生产的各个领域,满足某些技术和工艺的特殊要求[2]。

真空分为"人工真空"与"自然真空"。

地球表面的上方是空间真空,随着距地面高度的增加,压力逐渐降低,在100km以下,每增高15km,大气压力降低约一个数量级,这就是"自然真空"。同时,地球上许多生物天生就会利用"真空技术",例如,人在呼吸时可以使胸腔呈真空状态($4 \times 10^4 \sim 9.7 \times 10^4$Pa)[3]。"人工真空"是指人们对一容器进行抽气而获得的真空空间。在真空科学与技术中所讨论的"真空"多指"人工真空"。

气体的稀薄程度称为真空度。真空度可以用气体压强、分子密度、平均自由程以及形成一个单分子层的时间等描述。在真空科学与技术中,通常使用气体的压强来表示气体稀薄程度。气体的压强越低,真空度越高。

压强的国际单位制计量单位为帕斯卡,简称帕,用Pa表示;同时,压强也有大气压（atm）、毫米汞柱（mmHg）、巴（bar）、托（Torr）等单位，这些单位的换算关系如下：

$$1atm=1.01325\times10^5Pa（1Pa=1N/m^2）$$

$$1atm=760mmHg=760Torr$$

$$1Torr=133.322Pa$$

$$1bar=10^5Pa$$

根据真空状态的压强高低，把整个真空区域划分为低真空、中真空、高真空和超高真空等不同区域。

低真空：$1\times10^2\sim1\times10^5Pa$。

中真空：$1\times10^{-1}\sim1\times10^2Pa$。

高真空：$1\times10^{-5}\sim1\times10^{-1}Pa$。

超高真空：$1\times10^{-5}Pa$ 以下。

工业上相继出现了各种各样用以产生、改善和维持真空的设备，即真空获得设备，也称为真空泵[2]。真空获得设备随着科学技术的不断进步得到了长足的发展。今天，真空技术的发展已经可以获得从大气压力（1.01325×10^5Pa）直到 $10^{-14}Pa$ 的宽达 19 个数量级的压力范围，伴随着真空获得技术的不断发展，这个范围的下限也将不断降低。

1.2　真空泵概述

1.2.1　真空泵的分类

按照工作原理，真空泵基本上分为气体输送泵和气体捕集泵两种类型。

1. 气体输送泵

气体输送泵是一种使气体不断吸入和排出泵外来达到抽气目的的真空泵，含有变容式和动量传输式两大类。

1）变容式真空泵

变容式真空泵是利用泵腔容积的周期性变化来完成吸气、压缩以及排气的装置。变容式真空泵可分为往复式和旋转式。

（1）往复式真空泵。利用泵腔内活塞的往复运动进行吸气、压缩以及排气。

又称为活塞式真空泵。

（2）旋转式真空泵。利用泵腔内活塞的旋转运动进行吸气、压缩以及排气。多数变容式真空泵都属于此类。①油封式机械泵，利用油类密封各运动部件的间隙，减少有害空间的一种旋转式变容真空泵。此种真空泵通常带有气镇装置，故又称气镇式真空泵，按其特点可分为旋片泵、定片泵、滑阀泵、余摆线泵以及多室旋片泵等。②罗茨真空泵（简称罗茨泵），泵内装有两个相反方向同步旋转的双叶或多叶形的转子，转子间、转子与泵壳内壁间均保持一定的间隙。罗茨泵属于无内压缩的真空泵。其按用途又分为湿式罗茨泵、直排大气式罗茨泵和机械增压泵等类型。③液环真空泵，带有多叶片的转子偏心装在泵壳内，当转子旋转时，液体（水或者油）因为离心力形成与泵壳同心的液环，液环与转子上叶片形成容积周期性变化的数个小独立空间完成吸气、压缩和排气。由于液环起到压缩气体的作用，液环真空泵又称液体活塞真空泵。④干式真空泵，能在大气压到 10^{-2}Pa 压力范围内工作，在抽气流道中不使用任何油类和液体且能连续直接向大气排气的真空泵[4]，如多级罗茨泵、多级活塞泵、爪型泵、螺杆泵、涡旋泵等。同时干式真空泵也发展出罗茨+爪式等组合式干泵机组。

2）动量传输式真空泵

动量传输式真空泵是利用高速旋转的叶片或高速射流，将动量传输给被抽气体或气体分子，使其吸入、压缩、排气的一种真空泵。

（1）分子泵。利用高速旋转的叶片将动量传输给气体分子，使其吸入、压缩、排气的一种真空泵。分子泵一般分为牵引分子泵、涡轮分子泵和复合式分子泵。

（2）喷射真空泵。利用文丘里效应的压力降产生的高速射流将被抽气体输送到泵出口的一种动量传输泵。一般分为液体喷射泵、气体喷射泵、蒸气喷射泵。

（3）扩散泵。以油或者汞蒸气作为工作介质，使被抽气体扩散到工作蒸气射流中而被携带到泵出口的真空泵。

2. 气体捕集泵

气体捕集泵是一种将被抽气体吸附或凝结在泵内来实现抽气目的的真空泵，主要有以下几种形式。

（1）吸附泵。依靠具有大表面积的吸附剂的物理吸附作用来达到抽气目的的真空泵，例如吸附阱、吸气剂等；另外还有连续不断形成新鲜吸气剂膜的捕集式真空泵，如溅射离子泵、热蒸发的升华泵等。

（2）低温泵。利用低温表面来冷凝捕集气体达到抽气目的的真空泵，如冷凝泵和小型制冷机低温泵。

各种真空泵的工作压力范围如图 1-1 所示。

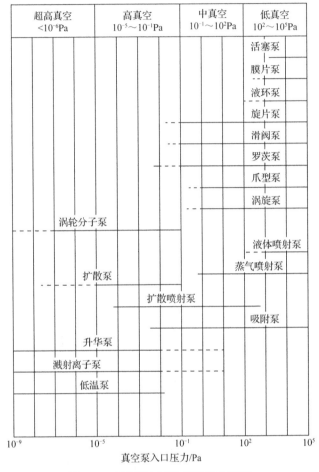

图 1-1 各种真空泵的工作压力范围

1.2.2 真空泵的主要性能参数

对于各种真空泵的性能，有规定的测试方法来检测其性能的优劣，真空泵的主要性能如下。

（1）极限压力。将真空泵与检测容器相连，进行长时间连续抽气，当容器内的气体压力不再下降而维持在某一定值时，此压力即为泵的极限压力，其单位为 Pa。

（2）流量。在真空泵的吸气口处，单位时间内流过的气体量称为泵的流量。在真空技术中，流量的单位用压力×体积/时间表示，即 $Pa \cdot m^3/s$ 或 $Pa \cdot m^3/h$，通常需要给出泵流量与入口压力的关系曲线。

（3）抽气速率。在真空泵的吸气口处，单位时间内流过的气体体积称为泵的抽气速率。气体 A 的抽气速率 S_A 为流量 Q_A（$Pa·m^3/s$）除以测试罩内这种气体 A 的分压力 p_A 而得。

$$S_A = \frac{Q_A}{p_A} \qquad\qquad (1-1)$$

一般真空泵的抽气速率与气体种类有关。给定的气体抽气速率，表示某种气体的抽气速率，如无特殊标明，多指对空气。

（4）最大工作压力。对应最大流量的入口压力。在此压力下，泵能够连续工作而不恶化或损坏。

（5）启动压力。泵无损坏启动并有抽气作用的压力。

（6）压缩比。泵对给定气体的出口压力与入口压力之比。

（7）功率。涡旋泵真空运转时消耗的功率，其单位为 W。

（8）噪声。涡旋真空泵运转时产生的噪声，一般使用 A 计权声压级表示，单位为分贝［dB（A）］。

（9）能效比。泵入口在给定压力下的抽气速率（体积流率）与气体压缩功率之比：

$$EER = S_A / W \qquad\qquad (1-2)$$

1.3 涡旋干式真空泵的特点与发展

1.3.1 涡旋干式真空泵的特点

随着半导体、生物制药、新材料制备等行业的飞速发展，传统的真空获得技术与设备已经不能满足实际工况的要求。面对越来越多的行业对清洁真空的需求，真空获得设备发展出可以提供清洁无油真空环境的干式真空泵。

干式真空泵适用于清洁无油真空获得工艺过程中存在腐蚀性气体、有毒气体以及含有颗粒等影响泵油工作性能的工况[5]。

涡旋干式真空泵是在涡旋式压缩机基础上演化而来的一种新式真空干泵，属于气体输送泵中的容积式真空泵。作为容积式流体机械，内部气体的流动过程决定了真空泵的性能特征。

涡旋干式真空泵具有以下特点[2]：

（1）清洁无油，是在中低真空范围获得洁净真空的优秀泵种，同时也是分子泵、低温泵等超高真空系统获得洁净真空的理想前级配泵。

（2）体积小、振动小、噪声小、结构简单、零部件少。

（3）间隙小、泄漏少，具有较高的压缩比。

（4）能在大气压下启动，工作压力范围宽，能在较宽的压力范围内有稳定的抽气速率。

（5）由于涡旋干式真空泵内压缩腔容积的变化是连续的，相邻各封闭空间内压差较小，因而驱动转矩变化小，功率变化小。

（6）可靠性高。

涡旋干式真空泵以其结构简单、体积小、清洁度高、极限真空度高、噪声低等特点而备受青睐，尤其在发达国家，涡旋真空泵已经越来越多地替代了油封式机械泵。

1.3.2　涡旋干式真空泵国内外发展现状

20 世纪初法国工程师 Creux[6]以涡旋膨胀机申请美国专利，开创了涡旋机械领域的先河，1925 年，Nordi[7]申请了涡旋液体泵的专利，但由于其中涡旋展开线处精密加工技术不足等原因[8]，涡旋机械始终未应用于生产实践。

由于能源危机以及温室效应的出现，对节省能源和环境保护的要求日益高涨，涡旋机械以其效率高、振动噪声小、结构简单和运转平稳等显著优点[9]满足了人们对节能和环保的要求；同时，高精度数控铣床的涌现，给涡旋技术的发展带来了机遇。1972 年，美国 A.D.L.（Arthur D. Little）公司开发的应用于远洋海轮的涡旋压缩机，标志着涡旋机械的实用化。由于涡旋压缩机具有效率高、噪声振动小等优点，涡旋机械的应用范围不断扩大。Coffin 于 20 世纪 80 年代初首次将涡旋机械应用于真空系统[10]。1987 年，日本三菱公司成功研制了回转型涡旋真空泵，它径向间隙固定的设计使其密封和控制较公转型涡旋真空泵更容易[11]，其结构如图 1-2 所示，从而揭开了涡旋真空泵研制的新篇章。

人们在半导体、制药等行业上对清洁无油真空环境的需求不断提升，伴随着涡旋机械的不断发展，涡旋干式真空泵（涡旋干泵）应运而生，并逐渐成为涡旋真空泵中的研究热点。与原有油润滑式涡旋真空泵相比，干式真空泵的泵腔中不存在润滑油或润滑脂等介质，限制涡旋干式真空泵发展的关键问题就是对泵腔内被抽气体的冷却与密封。1990 年，Kushiro 等[12]研制出了水冷式涡旋干式真空泵，其结构如图 1-3（a）所示，泵腔内气体冷却和润滑等问题得到了有效的解决。但是由于水冷回路带来的结构复杂性，涡旋干式真空泵仍需对结构进行简化。1998年，整机结构更为简化的风冷式涡旋干式真空泵由 Sawada 等[13]研制成功。其通过位于静涡旋盘端部的冷却风扇达到冷却效果，其设计结构如图 1-3（b）所示，这种设计方案已经被后续产品广泛使用。

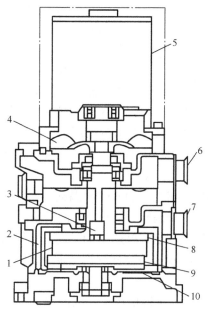

1-真空腔；2-大气压；3-止回阀；4-风扇；5-直流电动机；6-排气口；
7-吸气口；8-驱动涡旋盘；9-被驱动涡旋盘；10-十字滑环

图 1-2　立式油润滑涡旋真空泵结构图

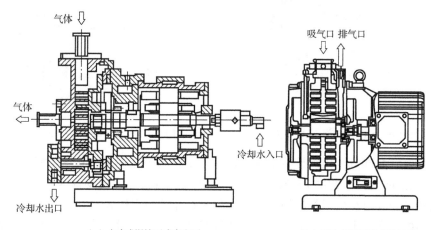

（a）水冷式涡旋干式真空泵　　　　　　　　（b）风冷式涡旋干式真空泵

图 1-3　涡旋干式真空泵结构图

图 1-4　TriScroll 300 型涡旋干式真空泵

美国 Varian 公司（现涡旋真空泵产品已被美国 Agilent 公司收购）通过技术改进开发了一款两级设计的涡旋真空泵，如图 1-4 所示。它的动涡旋盘两面的涡旋齿为非对称设计，一面的涡旋齿为三头涡旋齿，另一面的涡旋齿为单头涡旋齿，三头涡旋齿面与单头涡旋齿面同时工作[14]。当吸气压力较高（约高于 $5.5 \times 10^4 Pa$）时，被抽气体经第一级压缩后经由中间排气阀排出泵体，吸气压力较低（约低于 $5.5 \times 10^4 Pa$）时，被抽气体经过第一级压缩后未达到排气压力，进入第二级继续压缩后从位于第二级中心侧的排气口排出，实现了两个涡旋工作腔的串联。一、二级同时工作，三涡侧的多齿设计可以提高泵的抽气速率，单涡旋齿保证了极限真空度，是一款真正的（从压力角度区分的）两级涡旋真空泵[15]。

此外，英国 Edwards 公司生产的 nXDS 涡旋干式真空泵采用了创新的泵体结构，利用金属波纹管实现了动涡旋盘与机架之间的密封，如图 1-5 所示。这款全封闭涡旋干式真空泵的极限真空度可达到 1Pa 左右；德国 Leybold 公司将阿基米德型线应用于 SCROLLVAC plus 系列涡旋真空泵中，以上两系列产品均可适用于半导体行业。

日本 ANEST IWATA 公司还推出了专门面向含水蒸气等特殊工况的系列产品，如图 1-6 所示。

图 1-5　nXDS 涡旋干式真空泵

图 1-6　DVSL-100 涡旋干式真空泵

目前，全球范围内涡旋真空泵生产厂家主要集中在美国、欧洲国家、日本。美国 Agilent 公司、德国 Leybold 公司、英国 Edwards 公司以及日本 ULVAC 公司和 ANEST IWATA 公司都是涡旋干式真空泵行业的杰出代表。

国内对涡旋干式真空泵的研发起步较其他国家晚，对涡旋干式真空泵的研发与生产仍处在发展阶段。2001 年，东北大学与中国科学院沈阳科学仪器股份有限公司（简称沈科仪）合作研制了 WX 系列风冷式涡旋干式真空泵[16-17]，截至目前已经研发推出了 WXG 系列无油双侧涡旋真空泵，如图 1-7 所示。

图 1-7　WXG-4 涡旋干式真空泵

涡旋干式真空泵作为清洁真空获得设备中的代表性产品，适用于大量需求清洁真空的应用领域。目前涡旋干式真空泵在科学仪器、大科学工程、半导体、航空航天仪器、生物医药、液晶显示等领域都有广泛应用。

伴随着理论分析、技术研究以及生产工艺的不断进步，继续解决设计、加工包括装配调试各个阶段中的技术问题，更加精细化、集成化、系列化的涡旋干式真空泵成熟商业产品将得到更为广泛的应用。

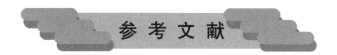

参 考 文 献

[1]　王宝霞, 张世伟. 真空工程理论基础[M]. 沈阳: 东北大学出版社, 2005: 1-3.

[2]　杨乃恒. 真空获得设备[M]. 2 版. 北京: 冶金工业出版社, 2001.

[3]　刘玉岱. 真空测量与检漏[M]. 沈阳: 东北大学出版社, 2005: 1.

[4]　杨乃恒. 干式真空泵的原理、特征及其应用[J]. 真空, 2000 (3):1-9.

[5]　王璟博. 罗茨干式真空泵流场瞬态模拟[D]. 沈阳: 东北大学, 2011.

[6]　Creux. Leon Rotary Engine: U.S., 801, 182[P]. 1905.

[7]　Nordi L. Improvements in or relating to fluid pumps and the like: U.K., GB220296(A)[P].1925.

[8]　Tojo K, Ikegawa M, Shiibayashi M, et al. A scroll compressor for air conditioners[C]. Proceedings of 1984 International Compressor Engineering Conference at Purdue, 1984: 496-503.

[9]　Li Z Y, Li L S, Zhao Y Y, et al. Theoretical and experimental study of dry scroll vacuum pump[J]. Vacuum, 2009, 84(3): 415-421.

[10] Coffin D. A Tritium-compatible high-vacuum pumping system[J]. Journal of Vacuum Science & Technology, 1982, 20(4):1126-1131.

[11] Davis R P, Abreu R A. Dry vacuum pumps: A method for the evaluation of the degree of dry[J].

Journal of Vacuum Science and Technology, Part A: Vacuum, Surfaces and Films, 2000, 18(4): 1782-1788.

[12] Kushiro T, Miyazaki K, Kataoka H, et al. Development of a scroll-type oil-free vacuum pump[C]. Proceedings of the 1990 International Compressor Engineering Conference at Purdue, 1990: 147-155.

[13] Sawada T, Su Y, Sugiyama W, et al. Study of the pumping performance of a dry scroll vacuum pump[J]. JSME International Journal, Series B, 1998, 41(1): 184-190.

[14] 黄英, 李建军, 韩晶雪, 等. 干式涡旋真空泵的发展与关键问题[J]. 真空, 2013, 50(3): 26-29.

[15] 杨旭, 张贤明, 王立存, 等. 涡旋式真空泵现状和发展趋势分析[J]. 重庆工商大学学报: 自然科学版, 2012, 29(3): 83-88.

[16] 李泽宇, 李连生. 涡旋式真空泵的发展回顾[J]. 通用机械, 2010(1): 87-90.

[17] 孟冬辉. 涡旋无油真空泵设计理论及加工工艺的研究[D]. 沈阳: 东北大学, 2004.

第 2 章

涡旋真空泵工作原理与型线

涡旋真空泵,主要指涡旋干式真空泵,是一种新型干式真空泵。涡旋干式真空泵具有间隙小、泄漏量少、压缩比较高的特点,可以在较大的压力范围内有稳定的抽气速率;其结构组成简单,具有较少的零部件,产生的振动噪声小,可靠性高;由于涡旋真空泵压缩腔容积变化是连续的,因此驱动转矩变化小、功率变化小。

2.1   涡旋真空泵的工作原理

涡旋真空泵主要由动涡旋盘、静涡旋盘、防自转机构和壳体支架等零部件组成,其基本结构如图 2-1 所示[1-2]。动涡旋盘、静涡旋盘相对旋转 180°,并相对错开一定距离(该距离为曲轴半径)相互对插,随着曲轴自转带动动涡旋盘平动,实现动涡旋盘、静涡旋盘涡旋齿的啮合。涡旋齿啮合会产生多个啮合点,形成多个月牙形封闭的工作腔。啮合随着曲轴的转动沿着涡旋齿壁由外向内运动,从而实现月牙形工作腔由大逐渐变小形成周期性变化的工作腔容积,同时工作腔内的气体压力随着曲轴转动不断增大,最后从静涡旋盘中心处的排气口排出,从而实现气体的吸入、压缩和排出,完成涡旋真空泵的排气过程。

涡旋真空泵的抽气过程是依靠动涡旋盘、静涡旋盘时刻啮合运动而实现的,因此涡旋盘的设计是涡旋真空泵研发中重要的步骤之一,决定了涡旋真空泵的抽气性能。涡旋盘最主要的设计就是涡旋型线的设计,一般情况下动涡旋盘、静涡旋盘的涡旋型线是相同的。

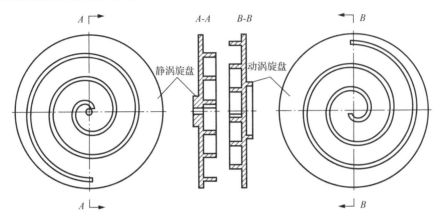

图 2-1　涡旋真空泵基本结构

2.1.1　工作腔的变化过程

动涡旋盘和静涡旋盘的涡旋型线一般情况下是完全相同的，只是相对错开 180°，对插在一起。动涡旋盘以半径 R_{or}（主轴偏心距）绕静涡旋盘中心做平动运动，进而啮合成月牙形工作腔[3-5]。图 2-2 表示动涡旋盘围绕静涡旋盘中心按逆时针方向每回转 90° 做平动时的四个啮合状态。当主轴转角 $\theta=0°$ 时，工作腔闭合完成吸气过程；当主轴转角 $\theta=90°$ 时，动涡旋盘逆时针做平动，啮合点由外向内运动，工作腔容积逐渐变小，腔内气体压力逐渐升高；当主轴转角 $\theta=180°$ 和 $\theta=270°$ 工作腔继续向内部移动，工作腔容积进一步缩小，腔内气体压力进一步升高；当 $\theta=360°$ 时，与图 2-2（a）相同，完成一次工作循环。

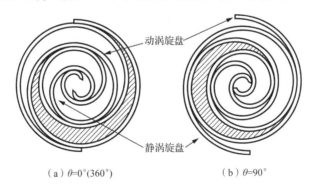

（a）$\theta=0°$（360°）　　　　（b）$\theta=90°$

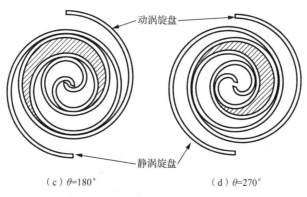

（c）θ=180°　　　　　　（d）θ=270°

图 2-2　两涡旋盘之间的公转平动

2.1.2　涡旋齿各部分型线的划分

涡旋真空泵在抽气过程中，动涡旋盘、静涡旋盘存在不参与啮合的部分，并且涡旋齿中心区域存在齿头修正，因此明确划分各部分涡旋型线可以为以后涡旋真空泵的研究计算、性能分析提供便利，图 2-3 为涡旋齿型线的划分。

（1）按照涡旋齿型线的内外位置，可以将其分为内型线和外型线，内型线位于涡旋齿的内侧，外型线位于涡旋齿的外侧，动涡旋盘的外型线与静涡旋盘的内型线啮合，动涡旋盘的内型线与静涡旋盘的外型线啮合。

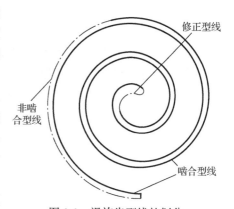

图 2-3　涡旋齿型线的划分

（2）涡旋齿的形成过程是由中心延伸到四周的，因此起始位置的涡旋齿称为涡旋齿头，终止位置的涡旋齿称为涡旋齿尾。

（3）由于动涡旋盘、静涡旋盘相互成 180° 对插，并平移一段距离形成相互啮合的情况，因此在涡旋盘啮合过程中总是存在非啮合部分，将参与啮合的部分称为啮合型线，不参与啮合部分称为非啮合型线。

（4）涡旋流体机械往往需要对其齿头或者齿尾的型线进行修正，将修正的型线称为齿头修正或齿尾修正，当只存在齿头或齿尾一种修正时统称为修正型线。

2.1.3　涡旋盘的基本结构参数

以圆渐开线型线为例介绍涡旋盘的基本结构，如图 2-4 所示。其中涡旋齿主要参数有：涡旋齿齿高 h、齿厚 t、节距 P_t、涡旋盘直径 D 和涡旋齿完成啮合时主轴所转过的角度 θ_e。

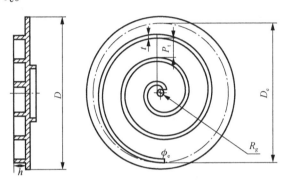

图 2-4　涡旋盘基本结构

圆渐开线基本结构参数包括：基圆半径 R_g、渐开线起始角 α（为了研究方便，本节默认内外型线的起始角相同）、圆渐开线的终止展角 ϕ_e。因此根据渐开线基本参数可以推出涡旋齿参数。涡旋齿的齿厚 t、节距 P_t、主轴偏心距 R_{or} 如下所示：

$$t = 2\alpha R_g \qquad (2\text{-}1)$$

$$P_t = 2\pi R_g \qquad (2\text{-}2)$$

$$R_{or} = \frac{1}{2}(P_t - 2t) = \pi R_g - 2\alpha R_g \qquad (2\text{-}3)$$

完成啮合时主轴所转过的角度为

$$\theta_e = \phi_e - \frac{\pi}{2} \qquad (2\text{-}4)$$

涡旋齿终端所在的圆直径为

$$D_e = 2R_g\sqrt{\phi_e^2 + 1} \qquad (2\text{-}5)$$

动涡旋盘直径 D 可估算为

$$D = D_e + 2\delta \quad\quad (2\text{-}6)$$

式中，δ 为工作中动涡旋盘、静涡旋盘边缘处缝隙。

2.2 平面曲线啮合原理

2.2.1 平面平动的基本原理

动涡旋盘、静涡旋盘通过涡旋齿啮合来实现工作过程，涡旋齿始终垂直于涡旋盘底板，因此涡旋齿在涡旋盘底板上的投影为平面曲线，动涡旋盘、静涡旋盘的啮合可以转化为平面曲线的啮合[6-10]。

平面中任意连续、光滑的曲线均可以用曲率中心 (x_c, y_c)、曲率半径 ρ 和极角 ϕ 表示。那么，在平面中的任意一条连续、光滑曲线可以表示为

$$x = x_c(\phi) + \rho(\phi)\cos\phi \quad\quad (2\text{-}7a)$$

$$y = y_c(\phi) + \rho(\phi)\sin\phi \qu\quad (2\text{-}7b)$$

式中，极角 ϕ 为

$$\phi = \tan^{-1}\left(\frac{-1}{\mathrm{d}y/\mathrm{d}x}\right) \qu\quad (2\text{-}8)$$

曲率半径 ρ 为

$$\rho(\phi) = \frac{1 + (\mathrm{d}y/\mathrm{d}x)^2}{\mathrm{d}^2 y/\mathrm{d}x^2} \ququad (2\text{-}9)$$

曲率中心 (x_c, y_c) 为

$$x_c(\phi) = x - \frac{\mathrm{d}y}{\mathrm{d}x}\frac{1 + (\mathrm{d}y/\mathrm{d}x)^2}{\mathrm{d}^2 y/\mathrm{d}x^2} \ququad (2\text{-}10a)$$

$$y_c(\phi) = y + \frac{1 + (\mathrm{d}y/\mathrm{d}x)^2}{\mathrm{d}^2 y/\mathrm{d}x^2} \ququad (2\text{-}10b)$$

为了研究涡旋齿啮合的工作原理，首先需要了解平面坐标运动变化，引入两个平面 Π_f 与 Π_m，两个平面互成 180°，如图 2-5 所示。平面 Π_m 绕平面 Π_f 的原点做逆时针平动，平面 Π_m 原点在平面 Π_f 中的运动轨迹为圆，其轨迹方程为

$$x = R\cos\theta \qquad (2\text{-}11a)$$

$$y = R\sin\theta \qquad (2\text{-}11b)$$

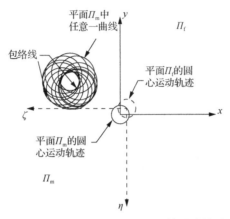

图 2-5　平面 Π_m 的圆心绕平面 Π_f 的圆心做逆时针平动示意图

那么，平面 Π_f 的原点相对于平面 Π_m 的运动轨迹方程为

$$\xi = R\cos\theta \qquad (2\text{-}12a)$$

$$\eta = R\sin\theta \qquad (2\text{-}12b)$$

平面 Π_m 中任意一点 (ξ_1, η_1) 也随之平动，其运动轨迹同样为圆，方程为

$$x = -\xi_1 + R\cos\theta \qquad (2\text{-}13a)$$

$$y = -\eta_1 + R\sin\theta \qquad (2\text{-}13b)$$

平面 Π_m 中任意一条曲线 l 可以表示为

$$\xi = \xi_1(t) \qquad (2\text{-}14a)$$

$$\eta = \eta_1(t) \qquad (2\text{-}14b)$$

曲线 l 随着平面 Π_m 的平动会形成一族曲线，则这一族曲线可以表示为

$$x = -\xi_1(t) + R\cos\theta \qquad (2\text{-}15a)$$

$$y = -\eta_1(t) + R\sin\theta \qquad\qquad (2\text{-}15\text{b})$$

式中，t 为独立的参数变量。

2.2.2　平面曲线族的包络线理论

假设在平面 Π_{m} 中存在一圆，如图 2-5 所示，圆在平面 Π_{m} 中的方程为

$$\xi = \xi_{\mathrm{c}} + \rho\cos\phi_\xi，\quad \phi_\xi \in [\phi_1, \phi_2] \qquad\qquad (2\text{-}16\text{a})$$

$$\eta = \eta_{\mathrm{c}} + \rho\sin\phi_\xi，\quad \phi_\xi \in [\phi_1, \phi_2] \qquad\qquad (2\text{-}16\text{b})$$

该圆弧在平面 Π_{f} 中会形成一族曲线，根据式（2-15）可得

$$x = -\xi_{\mathrm{c}} - \rho\cos\phi_\xi + R\cos\theta，\quad \theta\in[0,2i\pi]，\quad \phi_\xi\in[\phi_1,\phi_2] \qquad (2\text{-}17\text{a})$$

$$y = -\eta_{\mathrm{c}} - \rho\sin\phi_\xi + R\sin\theta，\quad \theta\in[0,2i\pi]，\quad \phi_\xi\in[\phi_1,\phi_2] \qquad (2\text{-}17\text{b})$$

式中，i 为大于零的正整数，式（2-17）的雅可比行列式为

$$J = \frac{\partial(x,y)}{\partial(\phi_\xi,\theta)} = \begin{vmatrix} \dfrac{\partial x}{\partial\phi_\xi} & \dfrac{\partial y}{\partial\phi_\xi} \\[2mm] \dfrac{\partial x}{\partial\theta} & \dfrac{\partial y}{\partial\theta} \end{vmatrix} = R\rho(\cos\theta\sin\phi_\xi - \sin\theta\cos\phi_\xi) \qquad (2\text{-}18)$$

根据微分几何可知，式（2-17）表示的平面曲线族的包络线存在的必要条件为雅可比行列式等于 0，即

$$R\rho(\cos\theta\sin\phi_\xi - \sin\theta\cos\phi_\xi) = 0 \qquad\qquad (2\text{-}19)$$

则有

$$\sin(\phi_\xi - \theta) = 0 \qquad\qquad (2\text{-}20)$$

即

$$\theta = \phi_\xi + m\pi \qquad\qquad (2\text{-}21)$$

式中，m 为任意整数。

因此，根据式（2-17），图 2-5 中的外共轭线、内共轭线可以表示为

$$x = -\xi_c - (\rho + R)\cos\phi_\xi \ , \quad \phi_\xi \in [\phi_1, \phi_2] \tag{2-22a}$$

$$y = -\eta_c - (\rho + R)\sin\phi_\xi \ , \quad \phi_\xi \in [\phi_1, \phi_2] \tag{2-22b}$$

与

$$x = -\xi_c - (\rho - R)\cos\phi_\xi \ , \quad \phi_\xi \in [\phi_1, \phi_2] \tag{2-23a}$$

$$y = -\eta_c - (\rho - R)\sin\phi_\xi \ , \quad \phi_\xi \in [\phi_1, \phi_2] \tag{2-23b}$$

因为平面 Π_f 与 Π_m 互成 180°，为了表示方便，令 $\theta = \phi_\xi \pm \pi$，则有

$$x = -\xi_c + (\rho + R)\cos\theta \ , \quad \theta \in [\phi_1 + \pi, \phi_2 + \pi] \tag{2-24a}$$

$$y = -\eta_c + (\rho + R)\sin\theta \ , \quad \theta \in [\phi_1 + \pi, \phi_2 + \pi] \tag{2-24b}$$

与

$$x = -\xi_c + (\rho - R)\cos\theta \ , \quad \theta \in [\phi_1 - \pi, \phi_2 - \pi] \tag{2-25a}$$

$$y = -\eta_c + (\rho - R)\sin\theta \ , \quad \theta \in [\phi_1 - \pi, \phi_2 - \pi] \tag{2-25b}$$

2.2.3 内外共轭型线

引入 Π_f 与 Π_m 两个互成 180° 的平面，平面 Π_m 绕平面 Π_f 以式（2-11）做平动，如图 2-6 所示。根据 2.2.1 节可知平面 Π_m 中任意连续、光滑的曲线均可以表示为

$$\xi = \xi_c(\phi_\xi) + \rho(\phi_\xi)\cos\phi_\xi \ , \quad \phi_\xi \in [\phi_1, \phi_2] \tag{2-26a}$$

$$\eta = \eta_c(\phi_\xi) + \rho(\phi_\xi)\sin\phi_\xi \ , \quad \phi_\xi \in [\phi_1, \phi_2] \tag{2-26b}$$

该曲线在平面 Π_f 中同样会产生一簇曲线，其方程为

$$x = -\xi_c(\phi_\xi) - \rho(\phi_\xi)\cos\phi_\xi + R\cos\theta \ , \quad \theta \in [0, 2i\pi] \ , \quad \phi_\xi \in [\phi_1, \phi_2] \tag{2-27a}$$

$$y = -\xi_c(\phi_\xi) - \rho(\phi_\xi)\sin\phi_\xi + R\sin\theta \ , \quad \theta \in [0, 2i\pi] \ , \quad \phi_\xi \in [\phi_1, \phi_2] \tag{2-27b}$$

式中，i 为大于零的整数。式（2-27）的雅可比行列式为

$$J = \frac{\partial(x, y)}{\partial(\phi_\xi, \theta)} = \begin{vmatrix} \dfrac{\partial x}{\partial \phi_\xi} & \dfrac{\partial y}{\partial \phi_\xi} \\ \dfrac{\partial x}{\partial \theta} & \dfrac{\partial y}{\partial \theta} \end{vmatrix}$$

$$= R[(-\xi_c' \cos\theta - \eta_c' \sin\theta - \rho' \cos\theta \cos\phi_\xi - \rho' \sin\theta \sin\phi_\xi)$$

$$+ \rho(\cos\theta \sin\phi_\xi - \sin\theta \cos\phi_\xi)] \tag{2-28}$$

同样为了保证曲线族的包络线存在，雅可比行列式应为 0，即

$$-\xi_c' \cos\theta - \eta_c' \sin\theta - \rho' \cos\theta \cos\phi_\xi - \rho' \sin\theta \sin\phi_\xi = 0 \tag{2-29}$$

$$\cos\theta \sin\phi_\xi - \sin\theta \cos\phi_\xi = 0 \tag{2-30}$$

根据 2.2.1 节与 2.2.2 节，有

$$\theta = \phi_\xi + m\pi \tag{2-31}$$

式中，m 为任意整数。

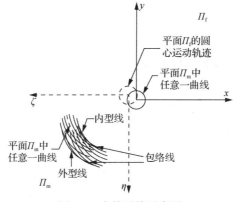

图 2-6 内外型线示意图

因此，根据式（2-24），外侧的共轭曲线为

$$x = -\xi_c(\phi_\xi) - [\rho(\phi_\xi) + R]\cos\phi_\xi , \quad \phi_\xi \in [\phi_1, \phi_2] \tag{2-32a}$$

$$y = -\xi_c(\phi_\xi) - [\rho(\phi_\xi) + R]\sin\phi_\xi , \quad \phi_\xi \in [\phi_1, \phi_2] \tag{2-32b}$$

内侧共轭曲线为

$$x = -\xi_c(\phi_\xi) - [\rho(\phi_\xi) - R]\cos\phi_\xi , \quad \phi_\xi \in [\phi_1, \phi_2] \tag{2-33a}$$

$$y = -\xi_c(\phi_\xi) - [\rho(\phi_\xi) - R]\sin\phi_\xi \ , \quad \phi_\xi \in [\phi_1, \phi_2] \tag{2-33b}$$

又因为平面 Π_f 与 Π_m 互成 180°，即 $\theta = \phi_\xi \pm \pi$，对于式（2-32）与式（2-33），有

$$x = -\xi_c(\theta - \pi) + [\rho(\theta - \pi) + R]\cos\theta \ , \quad \theta \in [\phi_1 + \pi, \phi_2 + \pi] \tag{2-34a}$$

$$y = -\xi_c(\theta - \pi) + [\rho(\theta - \pi) + R]\sin\theta \ , \quad \theta \in [\phi_1 + \pi, \phi_2 + \pi] \tag{2-34b}$$

$$x = -\xi_c(\theta + \pi) + [\rho(\theta + \pi) - R]\cos\theta \ , \quad \theta \in [\phi_1 - \pi, \phi_2 - \pi] \tag{2-35a}$$

$$y = -\xi_c(\theta + \pi) + [\rho(\theta + \pi) - R]\sin\theta \ , \quad \theta \in [\phi_1 - \pi, \phi_2 - \pi] \tag{2-35b}$$

综上所述，当两条曲线中一条存在于平面 Π_f 中，另一条存在于平面 Π_m 中，并且相啮合，如图 2-6 所示，啮合点必定存在于内外包络线上，向里凹的称为内型线，向外凸的称为外型线，内外型线方程可用式（2-34）、式（2-35）表示。

2.3　涡旋真空泵的理论型线

2.3.1　圆渐开线涡旋齿理论

1. 圆渐开线的基本特点

在平面上，一条动直线 BC（发生线也称为展开线）沿着一个半径为 R_g 的固定圆（基圆）做纯滚动的过程中，直线 BC 上任意一点的轨迹称为基圆的一条渐开线，即圆渐开线，如图 2-7 所示。以基圆圆心 O 为原点建立坐标系，$\angle xOB$ 为渐开线在 C 点的展开角 ϕ，线段 BC 的长度等于该线段滚过基圆的弧长，因此线段 BC 的长度为

$$\rho_{BC} = l_{AB} = R_g\phi \tag{2-36}$$

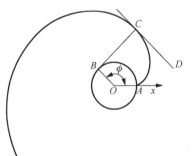

图 2-7　圆渐开线

圆渐开线上任意一点 C，其发生线对基圆的切点为 B 点，则向量 $\overrightarrow{OC}$ 为

$$\overrightarrow{OC} = \overrightarrow{OB} + \overrightarrow{BC} \tag{2-37}$$

当 x 轴方向的单位矢量为 i，y 方向的单位矢量为 j 时，有

$$\overrightarrow{OB} = R_g \cos\phi\, i + R_g \sin\phi\, j \tag{2-38}$$

$$\begin{aligned}\overrightarrow{BC} &= R_g\phi\cos(\phi - \frac{\pi}{2})i + R_g\phi\sin(\phi - \frac{\pi}{2})j \\ &= R_g\phi\sin\phi\, i - R_g\phi\cos\phi\, j \end{aligned} \tag{2-39}$$

因此向量 $\overrightarrow{OC}$ 为

$$\overrightarrow{OC} = [R_g\cos\phi + R_g\phi\sin\phi]i + [R_g\sin\phi - R_g\phi\cos\phi]j \tag{2-40}$$

则点 C 的坐标以参数方程表示，即圆渐开线方程为

$$\begin{cases} x = R_g\cos\phi + R_g\phi\sin\phi \\ y = R_g\sin\phi - R_g\phi\cos\phi \end{cases} \tag{2-41}$$

由图 2-7 可知基圆在点 B 处的切线 BC 的斜率为

$$\frac{\mathrm{d}y_B}{\mathrm{d}x_B} = \frac{R_g\cos\phi}{-R_g\sin\phi} = -\cot\phi \tag{2-42}$$

而圆渐开线在点 C 处的切线 CD 的斜率为

$$\frac{\mathrm{d}y_C}{\mathrm{d}x_C} = \frac{\cos\phi - (\cos\phi - \phi\sin\phi)}{-\sin\phi + (\sin\phi + \phi\cos\phi)} = \tan\phi \tag{2-43}$$

由此可得

$$\frac{\mathrm{d}y_B}{\mathrm{d}x_B}\frac{\mathrm{d}y_C}{\mathrm{d}x_C} = -1 \tag{2-44}$$

综上，圆渐开线的发生线 BC 与圆渐开线的切线 CD 正交，即圆渐开线的发生线为圆渐开线在点 C 的法线，且发生线增量等于基圆弧长的增量，这是渐开线的一般性质。

2. 圆渐开线型线的几何理论

1）圆渐开线的几何理论

圆渐开线 DE 的起始角为 α，基圆半径为 R_g，如图 2-8 所示。圆渐开线 DE 上

任意一点 B ，该点的发生线为 AB ，该点的展开角为 ϕ ，当展开角有一增量 $d\phi$ ，圆渐开线上的点由 B 点运动到点 C ，发生线的增量为 $d\rho$ ，圆渐开线弧长增量为 dL ，面积增量为 dS ，则有

$$d\rho = R_g d\phi \tag{2-45}$$

$$\rho = \int_{\alpha}^{\phi} R_g d\phi = R_g(\phi - \alpha) \tag{2-46}$$

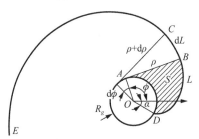

图 2-8   圆渐开线

圆渐开线弧长增量为

$$dL = \rho d\phi = R_g(\phi - \alpha)d\phi \tag{2-47}$$

由发生线、圆渐开线和基圆所围成的面积增量为

$$dS = \frac{1}{2}\rho dL = \frac{1}{2}\rho^2 d\phi = \frac{1}{2}R_g^2(\phi - \alpha)^2 d\phi \tag{2-48}$$

因此，当展开角为 ϕ 时，有

$$S = \int_{\alpha}^{\phi} dS = \int_{\alpha}^{\phi} \frac{1}{2}R_g^2(\phi - \alpha)^2 d\phi = \frac{1}{6}R_g^2(\phi - \alpha)^3 \tag{2-49}$$

2）内外型线

涡旋齿是由内型线、外型线组成的，且型线具有起始角，如图 2-9 所示。在本节中为了方便表示型线方程，令外型线的起始角为 $0°$ ，内型线的起始角为 $\alpha_{in} + \alpha_{ou}$ ，则有

$$\rho_{ou} = \int_0^{\phi} R_g d\phi = R_g \phi \tag{2-50}$$

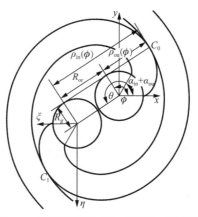

图 2-9　圆渐开线形成的内型线、外型线

根据圆渐开线方程的形式，可以得出平面 Π_{f} 中外型线为

$$\begin{cases} x_{\text{f,ou}} = R_g \cos\phi + R_g \phi \sin\phi \\ y_{\text{f,ou}} = R_g \sin\phi - R_g \phi \cos\phi \end{cases} \tag{2-51}$$

由平面啮合原理可知，相互啮合的曲线在啮合点（点 C_1）处具有相同的基圆半径。在平面 Π_{m} 中存在内型线展开角 $\phi' = \phi - (\alpha_{\text{in}} + \alpha_{\text{ou}}) + \pi$，则有

$$\rho_{\text{in}} = \int_0^{\phi'} R_g \mathrm{d}\phi' = R_g \phi' \Big|_0^{\phi' = \phi - (\alpha_{\text{in}} + \alpha_{\text{ou}}) + \pi} = R_g(\phi + \pi - \alpha_{\text{in}} - \alpha_{\text{ou}}) \tag{2-52}$$

则平面 Π_{f} 中内型线方程为

$$\begin{cases} x_{\text{f,in}} = R_g \cos(\phi + \pi) + R_g(\phi + \pi - \alpha_{\text{in}} - \alpha_{\text{ou}})\sin(\phi + \pi) \\ y_{\text{f,in}} = R_g \sin(\phi + \pi) - R_g(\phi + \pi - \alpha_{\text{in}} - \alpha_{\text{ou}})\cos(\phi + \pi) \end{cases} \tag{2-53}$$

由平面啮合原理可知，在啮合点 C_0 处有

$$\begin{cases} x_{\text{f,ou}} = x_{\text{m,in}} = -x_{\text{f,in}} + R_{\text{or}} \cos\theta \\ y_{\text{f,ou}} = y_{\text{m,in}} = -y_{\text{f,in}} + R_{\text{or}} \sin\theta \end{cases} \tag{2-54}$$

式中，θ 为主轴转角。由 2.2 节可知，式（2-54）的雅可比行列式为

$$J = \frac{\partial(x_{\text{f,ou}}, y_{\text{f,ou}})}{\partial(\phi, \theta)} = \begin{vmatrix} \dfrac{\partial x_{\text{f,ou}}}{\partial \phi} & \dfrac{\partial y_{\text{f,ou}}}{\partial \phi} \\ \dfrac{\partial x_{\text{f,ou}}}{\partial \theta} & \dfrac{\partial y_{\text{f,ou}}}{\partial \theta} \end{vmatrix} = -\rho_{\text{in}}(\cos\phi\cos\theta + \sin\phi\sin\theta) = 0 \tag{2-55}$$

由式（2-55）可知 $\theta = \phi + \pi/2$，则根据式（2-50）可得偏心距方程为

$$R_{\text{or}} = R_g(\pi - \alpha_{\text{in}} - \alpha_{\text{ou}}) \tag{2-56}$$

3. 圆渐开线涡旋齿的工作腔容积

月牙形工作腔容积是由一涡旋盘（静涡旋盘）的内型线和另一涡旋盘（动涡旋盘）的外型线形成的封闭容积。由于涡旋齿始终垂直于涡旋盘表面，将涡旋齿轴向投影于涡旋盘，工作腔投影面积记为 S_{w}，如图 2-10 所示。将动涡旋盘平移到公转中心的位置（即静涡旋盘基圆中心），形成的工作腔容积是等厚度的，其轴向投影为 S_1，S 为中间非阴影部分面积，则有

$$S_{\text{w}} + S = S_1 + S \tag{2-57}$$

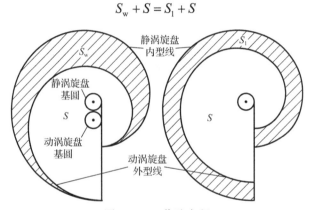

图 2-10　工作腔容积

月牙形工作腔轴向投影面积 S_{w} 为

$$S_{\text{w}} = S_1 = S_{\text{f,in}} - S_{\text{m,ou}} \tag{2-58}$$

封闭月牙形工作腔容积 V_{w} 为

$$V_{\text{w}} = S_{\text{w}} \cdot h \tag{2-59}$$

根据圆渐开线型线方程，可以得出外型线与基圆围成的面积为

$$S_{\text{ou}} = \int_0^\phi \frac{1}{2}\rho_{\text{ou}}^2 \, \mathrm{d}\phi = \int_0^\phi \frac{1}{2}R_g^2\phi^2 \, \mathrm{d}\phi = \frac{1}{6}R_g^2\phi^3 \tag{2-60}$$

内型线与基圆围成的面积为

$$S_{in} = \int_{\alpha_{in}+\alpha_{ou}-\pi}^{\phi} \frac{1}{2}\rho_{in}^2 \,\mathrm{d}\phi = \int_{\alpha_{in}+\alpha_{ou}-\pi}^{\phi} \frac{1}{2}R_g^2(\phi+\pi-\alpha_{in}-\alpha_{ou})^2 \,\mathrm{d}\phi$$

$$= \frac{1}{6}R_g^2(\phi+\pi-\alpha_{in}-\alpha_{ou})^3 \tag{2-61}$$

当啮合点的主轴转角为 θ 时，有 $\phi=\theta-\pi/2$，因此月牙形工作腔轴向投影面积 S_w 为

$$S_w = S_{in} - S_{ou}\big|_{\phi-2\pi}^{\phi} = \frac{1}{6}R_g^2[(\phi+\pi-\alpha_{in}-\alpha_{ou})^3 - \phi^3]\Big|_{\theta-\frac{5\pi}{2}}^{\theta-\frac{\pi}{2}}$$

$$= \frac{1}{6}R_g^2\{[(\theta+\frac{\pi}{2}-\alpha_{in}-\alpha_{ou})^3 - (\theta-\frac{\pi}{2})^3]$$

$$- [(\theta-\frac{3\pi}{2}-\alpha_{in}-\alpha_{ou})^3 - (\theta-\frac{5\pi}{2})^3]\} \tag{2-62}$$

2.3.2 变基圆渐开线涡旋齿理论

1. 变基圆渐开线的基本特点

在平面上，一条直线 AP 沿着一半径不断变化的圆周做纯滚动时，直线上任意一点 P 的轨迹 BP 称为变基圆渐开线，如图 2-11 所示。其基圆由无数个半径不断变化的圆组成，曲线 Γ 仅为半径的变化规律，直线 AP 垂直于线段 OA，但不是曲线 Γ 在点 A 处的切线，而是半径为 l_{OA} 的圆上点 A 处的切线。以 O 为原点建立坐标系，角 ϕ 为变基圆渐开线在 P 点的展开角，AP 为变基圆渐开线的发生线。

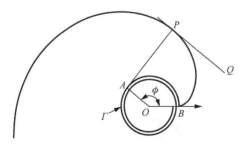

图 2-11　变基圆渐开线

当基圆半径变化率为 δ，基圆初始半径为 a_0 时，则有变基圆半径为

$$a = a_0 + \delta\phi \tag{2-63}$$

发生线 AP 的长度等于滚过变基圆曲线 Γ 的弧长，即

$$\rho_{AP} = l_{AB} \qquad (2\text{-}64)$$

同理根据 2.3.1 节可知，变基圆渐开线方程形式同样为

$$\begin{cases} x = a\cos\phi + \rho\sin\phi \\ y = a\sin\phi - \rho\cos\phi \end{cases} \qquad (2\text{-}65)$$

2. 变基圆渐开线型线的几何理论

1）变基圆渐开线

如图 2-12 所示，渐开线 DP 的基圆初始半径为 a_0，基圆变化率为 δ，圆渐开线 DP 上任意一点 B，该点的发生线为 AB，该点的展开角为 ϕ，当展开角有一增量 $\mathrm{d}\phi$，圆渐开线上的点由 B 点运动到点 C，发生线的增量为 $\mathrm{d}\rho$，圆渐开线弧长增量为 $\mathrm{d}L$，变基圆渐开线、发生线和变基圆围成的面积为 S，面积增量为 $\mathrm{d}S$。

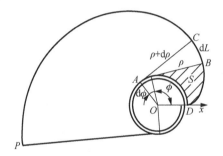

图 2-12　变基圆渐开线

由变基圆定义可知，变基圆半径方程为

$$a = a_0 + \delta\phi \qquad (2\text{-}66)$$

对于发生线 ρ，则有

$$\mathrm{d}\rho = a\mathrm{d}\phi \qquad (2\text{-}67)$$

$$\rho = \int_0^\phi a\mathrm{d}\phi = \int_0^\phi (a_0 + \delta\phi)\mathrm{d}\phi = a_0\phi + \frac{1}{2}\delta\phi^2 \qquad (2\text{-}68)$$

变基圆渐开线弧长增量为

$$\mathrm{d}L = \rho\mathrm{d}\phi = (a_0\phi + \frac{1}{2}\delta\phi^2)\mathrm{d}\phi \qquad (2\text{-}69)$$

由变基圆渐开线、发生线和基圆围成的面积增量为

$$\mathrm{d}S = \frac{1}{2}\rho\mathrm{d}L = \frac{1}{2}(a_0\phi + \frac{1}{2}\delta\phi^2)^2\mathrm{d}\phi \qquad （2\text{-}70）$$

当展角为 ϕ 时，则有

$$S = \int_0^\phi \mathrm{d}S = \int_0^\phi \frac{1}{2}(a_0\phi + \frac{1}{2}\delta\phi^2)^2\mathrm{d}\phi = \frac{1}{2}(\frac{a_0^{\ 2}}{3}\phi^3 + \frac{a_0\delta}{4}\phi^4 + \frac{\delta^2}{20}\phi^5) \qquad （2\text{-}71）$$

2）内外型线

变基圆渐开线形成的涡旋齿为变壁厚的，为了方便表示内外型线方程，同样令外型线的起始角为 $0°$，内型线起始角为 $\alpha_{\mathrm{in}}+\alpha_{\mathrm{ou}}$，如图 2-13 所示。

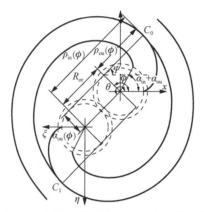

图 2-13　圆渐开线形成的内型线、外型线

当基圆初始半径为 a_0，基圆半径变化率为 δ，展开角为 ϕ 时，外型线的基圆半径和发生线可以表示为

$$a_{\mathrm{ou}} = a_0 + \delta\phi \qquad （2\text{-}72）$$

$$\rho_{\mathrm{ou}} = \int_0^\phi a_0 + \delta\phi = a_0\phi + \frac{1}{2}\delta\phi^2 \qquad （2\text{-}73）$$

根据变基圆渐开线方程形式，可以得出变基圆渐开线外型线方程为

$$\begin{cases} x_{\mathrm{ou}} = (a_0 + \delta\phi)\cos\phi + (a_0\phi + \frac{1}{2}\delta\phi^2)\sin\phi \\ y_{\mathrm{ou}} = (a_0 + \delta\phi)\sin\phi - (a_0\phi + \frac{1}{2}\delta\phi^2)\cos\phi \end{cases} \qquad （2\text{-}74）$$

由平面啮合原理可知，相互啮合的曲线在啮合点（点 C_1）处具有相同的基圆

半径，平面 $\mathit{\Pi}_\mathrm{m}$ 中内型线展开角 $\phi' = \phi - (\alpha_\mathrm{in} + \alpha_\mathrm{ou}) + \pi$，则有

$$a_\mathrm{in} = a_0 + \delta\phi = a_0 + \delta[\phi' - \pi + (\alpha_\mathrm{in} + \alpha_\mathrm{ou})] \qquad (2\text{-}75)$$

$$\begin{aligned}
\rho_\mathrm{in} &= \int_0^{\phi'} \{a_0 + \delta[\phi' - \pi + (\alpha_\mathrm{in} + \alpha_\mathrm{ou})]\}\mathrm{d}\phi \\
&= \{a_0 \cdot \phi' + \frac{\delta_0}{2} \cdot [\phi' - (\pi - \alpha_\mathrm{in} - \alpha_\mathrm{ou})]^2\} \Big|_0^{\phi' = \phi + \pi - (\alpha_\mathrm{in} + \alpha_\mathrm{ou})} \\
&= a_0 \cdot (\phi + \pi - \alpha_\mathrm{in} - \alpha_\mathrm{ou}) + \frac{\delta_0}{2} \cdot \left[\phi^2 - (\pi - \alpha_\mathrm{in} - \alpha_\mathrm{ou})^2\right] \qquad (2\text{-}76)
\end{aligned}$$

则有平面 $\mathit{\Pi}_\mathrm{f}$ 中内型线方程为

$$\begin{cases}
\begin{aligned}
x_\mathrm{f,in} &= a_\mathrm{f,in} \cdot \cos(\phi + \pi) + \rho_\mathrm{f,in} \cdot \sin(\phi + \pi) \\
&= (a_0 + \delta_0 \cdot \phi) \cdot \cos(\phi + \pi) \\
&\quad + \{a_0 \cdot (\phi + \pi - \alpha_\mathrm{in} - \alpha_\mathrm{ou}) + \frac{\delta_0}{2} \cdot [\phi^2 - (\pi - \alpha_\mathrm{in} - \alpha_\mathrm{ou})^2]\} \cdot \sin(\phi + \pi) \\
y_\mathrm{f,in} &= a_\mathrm{f,in} \cdot \sin(\phi + \pi) - \rho_\mathrm{f,in} \cdot \cos(\phi + \pi) \\
&= (a_0 + \delta_0 \cdot \phi) \cdot \sin(\phi + \pi) \\
&\quad - \{a_0 \cdot (\phi + \pi - \alpha_\mathrm{in} - \alpha_\mathrm{ou}) + \frac{\delta_0}{2} \cdot [\phi^2 - (\pi - \alpha_\mathrm{in} - \alpha_\mathrm{ou})^2]\} \cdot \cos(\phi + \pi)
\end{aligned}
\end{cases} \qquad (2\text{-}77)$$

由平面啮合原理可知，在啮合点 C_0 处有

$$\begin{cases}
x_\mathrm{f,ou} = x_\mathrm{m,in} = -x_\mathrm{f,in} + R_\mathrm{or} \cos\theta \\
y_\mathrm{f,ou} = y_\mathrm{m,in} = -y_\mathrm{f,in} + R_\mathrm{or} \sin\theta
\end{cases} \qquad (2\text{-}78)$$

式中，θ 为主轴转角。由 2.2 节可知，式（2-78）的雅可比行列式为

$$J = \frac{\partial(x_\mathrm{f,ou}, y_\mathrm{f,ou})}{\partial(\phi, \theta)} = \begin{vmatrix} \dfrac{\partial x_\mathrm{f,ou}}{\partial\phi} & \dfrac{\partial y_\mathrm{f,ou}}{\partial\phi} \\ \dfrac{\partial x_\mathrm{f,ou}}{\partial\theta} & \dfrac{\partial y_\mathrm{f,ou}}{\partial\theta} \end{vmatrix} = -(\delta + \rho_\mathrm{in})(\cos\phi\cos\theta + \sin\phi\sin\theta) = 0 \qquad (2\text{-}79)$$

由式（2-79）可知 $\theta = \phi + \pi/2$，则根据式（2-78）可得偏心距方程为

$$R_\mathrm{or} = a_0(\pi - \alpha_\mathrm{in} - \alpha_\mathrm{ou}) - \frac{\delta}{2}(\pi - \alpha_\mathrm{in} - \alpha_\mathrm{ou})^2 \qquad (2\text{-}80)$$

3. 变基圆渐开线涡旋齿的工作腔容积

图 2-14 表示变基圆渐开线型线形成的月牙形工作腔容积的轴向投影，令工作腔面积为 S_1，动涡旋盘外型线与变基圆围成的面积为 S_2，动涡旋盘外型线变基圆面积为 S_b，静涡旋盘内型线围成的面积为 S_z，则有

$$S_z = S_1 + S_2 + S_b \tag{2-81}$$

一对相互啮合的渐开线，在啮合点处具有相同的基圆半径，并且啮合点处的法线共线，因此将动涡旋盘外型线沿啮合点法线方向平移 R_{or} 的距离，如图 2-14（b）所示，此时静涡旋盘型线围成的面积为

$$S_z = S_1' + S_2 + S_b + S_s \tag{2-82}$$

因此工作腔面积为

$$S_1 = S_1' + S_s \tag{2-83}$$

其中面积 S_1' 为静涡旋盘内型线和动涡旋盘外型线与变基圆围成的面积之差，即

$$S_1' = S_{m,in} - S_{f,ou} \tag{2-84}$$

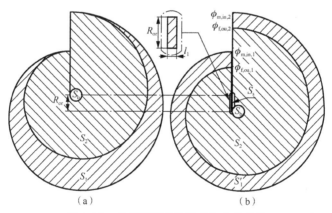

图 2-14　变基圆渐开线形成的内外型线

根据式（2-71），有

$$
\begin{aligned}
S_{m,in} &= S_{in}(\phi_{m,in,1}) - S_{in}(\phi_{m,in,2}) \\
&= \frac{1}{2}\Big[R_{or}^2(\phi_{m,in,1} - \phi_{m,in,2}) + a_0 R_{or}(\phi_{m,in,1}^2 - \phi_{m,in,2}^2) + \frac{a_0^2}{3}(\phi_{m,in,1}^3 - \phi_{m,in,2}^3) \\
&\quad + \frac{2R_{or}\delta_0}{(k+1)(k+2)}(\phi_{m,in,1}^{k+2} - \phi_{m,in,2}^{k+2}) + \frac{2a_0\delta_0}{(k+1)(k+3)}(\phi_{m,in,1}^{k+3} - \phi_{m,in,2}^{k+3})
\end{aligned}
$$

$$+\frac{\delta_0^2}{(2k+3)(k+1)^2}(\phi_{m,in,1}^{2k+3}-\phi_{m,in,2}^{2k+3})] \tag{2-85}$$

同理，对于动涡旋盘外型线与变基圆围成的面积$S_{f,ou}$，可得

$$S_{f,ou}=S_{ou}(\phi_{f,ou,1})-S_{ou}(\phi_{f,ou,2})$$

$$=\frac{1}{2}[\frac{a_0^2}{3}(\phi_{f,ou,1}^3-\phi_{f,ou,2}^3)+\frac{2a_0\delta_0}{(k+1)(k+3)}(\phi_{f,ou,1}^{k+3}-\phi_{f,ou,2}^{k+3})$$

$$+\frac{\delta_0^2}{(2k+3)(k+1)^2}(\phi_{f,ou,1}^{2k+3}-\phi_{f,ou,2}^{2k+3})] \tag{2-86}$$

那么S_1'面积为

$$S_1'=\frac{1}{2}\{R_{or}^2[(\theta-\frac{\pi}{2})-(\theta-\frac{5\pi}{2})]+a_0R_{or}[(\theta-\frac{\pi}{2})^2-(\theta-\frac{5\pi}{2})^2]$$

$$+\frac{2R_{or}\delta_0}{(k+1)(k+2)}[(\theta-\frac{\pi}{2})^{k+2}-(\theta-\frac{5\pi}{2})^{k+2}]\} \tag{2-87}$$

对于面积S_s，由图2-14可知：

$$S_s=R_{or}l_1=R_{or}[a(\phi_{f,ou,2})-a(\phi_{f,ou,1})]=R_{or}\{[a_0+\delta_0(\theta-\frac{5\pi}{2})^k]-[a_0+\delta_0(\theta-\frac{\pi}{2})^k]\}$$

$$=R_{or}\delta_0[(\theta-\frac{5\pi}{2})^k-(\theta-\frac{\pi}{2})^k] \tag{2-88}$$

由上述可知，变基圆渐开线型线的工作腔面积为

$$S_1=S_1'+S_s=\frac{1}{2}\{R_{or}^2[(\theta-\frac{\pi}{2})-(\theta-\frac{5\pi}{2})]+a_0R_{or}[(\theta-\frac{\pi}{2})^2-(\theta-\frac{5\pi}{2})^2]$$

$$+\frac{2R_{or}\delta_0}{(k+1)(k+2)}[(\theta-\frac{\pi}{2})^{k+2}-(\theta-\frac{5\pi}{2})^{k+2}]\}$$

$$+R_{or}\delta_0[(\theta-\frac{5\pi}{2})^k-(\theta-\frac{\pi}{2})^k] \tag{2-89}$$

2.4　涡旋齿的型线修正

在涡旋式流体机械中，往往需要对涡旋齿头进行修正，来提高压缩比和涡旋

齿齿头强度，以及避免加工涡旋型线时齿头与刀具发生干涉。通常涡旋齿修正方法有：直接截断修正、双圆弧修正、双圆弧直线修正、多段圆弧修正、二次曲线修正和三角函数修正等。

2.4.1　双圆弧修正

1. 圆渐开线型线的双圆弧修正

对于基圆半径为 R_g，内外起始角为 α_{in}、α_{ou} 的圆渐开线涡旋型线的双圆弧修正步骤为：以基圆半径中心为坐标原点 O，令修正展角为 β，在内外型线上分别取中线展角为 $\beta+\pi$、β 的两点 C_{in}、C_{ou}，过点 C_{in}、C_{ou} 分别作内外型线的法线，过原点 O 作两条法线的垂线，交点为 A、B 两点；以 O 为圆心作直径为 R_{or} 的特征圆，线段 $C_{in}C_{ou}$ 交特征圆于 D、H 两点，连接 OD 并双向延长，分别与法线 AC_{ou}、BC_{in} 交于 E、F 两点；最后分别以点 E、F 为圆心，以 EC_{ou}、FC_{in} 为半径作小圆弧 $\overset{\frown}{C_{ou}D}$、大圆弧 $\overset{\frown}{C_{in}D}$。$\overset{\frown}{C_{ou}D}$、$\overset{\frown}{C_{in}D}$ 即为修正圆弧，如图 2-15 所示。

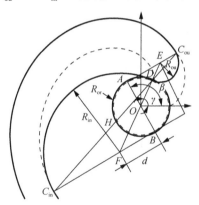

图 2-15　圆渐开线型线的双圆弧修正

在双圆弧修正型线中点 A、B 关于原点 O 对称，$AC_{ou} / / BC_{in}$，且 BC_{in} 与 AC_{ou} 之差为 R_{or}。因此可以得到以下关系式：

$$(R_{in} + R_{ou})^2 - (2R_g)^2 = (2d)^2 \tag{2-90}$$

$$d = \rho_{ou} - R_{ou} \tag{2-91}$$

$$R_{in} - R_{ou} = R_{or} \tag{2-92}$$

联立方程（2-90）～方程（2-92）可得

$$d = \frac{(\rho_{ou} + \frac{R_{or}}{2})^2 - R_g^2}{2(\rho_{ou} + \frac{R_{or}}{2})} \qquad (2\text{-}93)$$

$$R_{ou} = \rho_{ou} - \frac{(\rho_{ou} + \frac{R_{or}}{2})^2 - R_g^2}{2(\rho_{ou} + \frac{R_{or}}{2})} \qquad (2\text{-}94)$$

$$R_{in} = R_{or} + \rho_{ou} - \frac{(\rho_{ou} + \frac{R_{or}}{2})^2 - R_g^2}{2(\rho_{ou} + \frac{R_{or}}{2})} \qquad (2\text{-}95)$$

又根据式（2-50）可知，当展开角为 β 时，外型线的发生线 ρ_{ou} 为

$$\rho_{ou} = \int_0^\beta R_g \mathrm{d}\phi = R_g \beta \qquad (2\text{-}96)$$

继而可得修正角 γ 为

$$\gamma = \beta - \arctan(\frac{d}{R_g}) \qquad (2\text{-}97)$$

最后得出小圆弧 $\overset{\frown}{C_{ou}D}$ 、大圆弧 $\overset{\frown}{C_{in}D}$ 的方程为

$$\begin{cases} x_{ou} = R_{ou}\cos\theta + \sqrt{R_g^2 + d^2}\cos\gamma \\ y_{ou} = R_{ou}\sin\theta + \sqrt{R_g^2 + d^2}\sin\gamma \end{cases}, \qquad \theta \in [\gamma - \pi, \beta - \frac{\pi}{2}] \qquad (2\text{-}98)$$

$$\begin{cases} x_{in} = R_{in}\cos\theta + \sqrt{R_g^2 + d^2}\cos(\gamma + \pi) \\ y_{in} = R_{in}\sin\theta + \sqrt{R_g^2 + d^2}\sin(\gamma + \pi) \end{cases}, \qquad \theta \in [\gamma, \beta + \frac{\pi}{2}] \qquad (2\text{-}99)$$

2. 变基圆渐开线型线的双圆弧修正

变基圆渐开线型线的双圆弧修正的构建与圆渐开线的相同，如图 2-16 所示。基圆初始半径为 a_0，基圆半径变化率为 δ，内外起始角为 α_{in}、α_{ou}，当修正展角为 β 时，根据式（2-66）、式（2-68）有

$$\alpha_{ou} = a_0 + \delta\beta \qquad (2\text{-}100)$$

$$\rho_{\text{ou}} = \int_0^\beta \alpha_{\text{ou}} \mathrm{d}\phi = a_0\beta + \frac{\delta}{2}\beta^2 \tag{2-101}$$

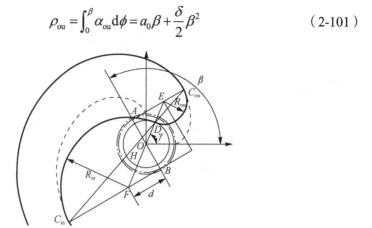

图 2-16　变基圆渐开线型线的双圆弧修正

变基圆渐开线型线的双圆弧修正同样具有 2.4.1 节中式（2-90）～式（2-92）的关系，则有

$$d = \frac{(\rho_{\text{ou}} + \frac{R_{\text{or}}}{2})^2 - (\alpha_{\text{ou}})^2}{2(\rho_{\text{ou}} + \frac{R_{\text{or}}}{2})} \tag{2-102}$$

$$R_{\text{ou}} = \rho_{\text{ou}} - \frac{(\rho_{\text{ou}} + \frac{R_{\text{or}}}{2})^2 - (\alpha_{\text{ou}})^2}{2(\rho_{\text{ou}} + \frac{R_{\text{or}}}{2})} \tag{2-103}$$

$$R_{\text{in}} = R_{\text{or}} + \rho_{\text{ou}} - \frac{(\rho_{\text{ou}} + \frac{R_{\text{or}}}{2})^2 - (\alpha_{\text{ou}})^2}{2(\rho_{\text{ou}} + \frac{R_{\text{or}}}{2})} \tag{2-104}$$

继而可得修正角 γ 为

$$\gamma = \beta - \arctan(\frac{d}{\alpha_{\text{ou}}}) \tag{2-105}$$

因此，变基圆渐开线型线的双圆弧修正方程为

$$\begin{cases} x_{\text{ou}} = R_{\text{ou}}\cos\theta + \sqrt{\alpha_{\text{ou}}^2 + d^2}\cos\gamma \\ y_{\text{ou}} = R_{\text{ou}}\sin\theta + \sqrt{\alpha_{\text{ou}}^2 + d^2}\sin\gamma \end{cases}, \qquad \theta \in [\gamma - \pi, \beta - \frac{\pi}{2}] \tag{2-106}$$

$$\begin{cases} x_{in} = R_{in} \cos\theta + \sqrt{\alpha_{ou}^2 + d^2} \cos(\gamma + \pi) \\ y_{in} = R_{in} \sin\theta + \sqrt{\alpha_{ou}^2 + d^2} \sin(\gamma + \pi) \end{cases}, \quad \theta \in [\gamma, \beta + \frac{\pi}{2}] \qquad (2\text{-}107)$$

2.4.2　双圆弧直线修正

双圆弧直线修正同样是由两个大小圆弧连接内外型线，但两个圆弧不再是直接相连，而是通过一条与两个圆弧相切的直线相连接，如图 2-17 所示。当修正展角为 β，修正距离为 Δr，有

$$R'_{in} = R_{in} - \Delta r \qquad (2\text{-}108)$$

$$R'_{ou} = R_{ou} - \Delta r \qquad (2\text{-}109)$$

$$d' = d + \Delta r \qquad (2\text{-}110)$$

式中，R_{in}、R_{ou}、d 可按照 2.4.1 节计算。本小节以变基圆渐开线为例进行计算说明，当变基圆渐开线的基圆变化率 $\delta = 0$ 时，变基圆渐开线即为圆渐开线。由式（2-108）～式（2-110）可得

$$R'_{in} - R'_{ou} = (R_{in} - \Delta r) - (R_{ou} - \Delta r) = R_{in} - R_{ou} = R_{or} \qquad (2\text{-}111)$$

因此，修正角 γ 为

$$\gamma = \beta - \arctan(\frac{d'}{\alpha_{ou}}) \qquad (2\text{-}112)$$

$\Delta\theta$ 表示修正直线与内外圆弧圆心连线的夹角，即

$$\Delta\theta = \sin^{-1}(\frac{R'_{in} + R'_{ou}}{2\sqrt{\alpha_{ou}^2 + d'^2}}) \qquad (2\text{-}113)$$

角 σ 表示修正直线与 x 轴之间的夹角，即

$$\sigma = \gamma - \Delta\theta \qquad (2\text{-}114)$$

综上，则有双圆弧直线修正的方程为

$$\begin{cases} x_{ou'} = R'_{ou} \cdot \cos\theta + \sqrt{\alpha_{ou}^2 + d'^2} \cdot \cos\gamma \\ y_{ou'} = R'_{ou} \cdot \sin\theta + \sqrt{\alpha_{ou}^2 + d'^2} \cdot \sin\gamma \end{cases}, \quad \theta \in [\sigma - \frac{\pi}{2}, \beta - \frac{\pi}{2}] \qquad (2\text{-}115)$$

$$\begin{cases} x'_{\text{in}} = R'_{\text{in}} \cdot \cos\theta + \sqrt{\alpha_{\text{ou}}^2 + d'^2} \cdot \cos(\gamma + \pi) \\ y'_{\text{in}} = R'_{\text{in}} \cdot \sin\theta + \sqrt{\alpha_{\text{ou}}^2 + d'^2} \cdot \sin(\gamma + \pi) \end{cases}, \quad \theta \in [\sigma + \frac{\pi}{2}, \beta + \frac{\pi}{2}] \qquad (2\text{-}116)$$

式（2-115）、式（2-116）对圆渐开线、变基圆渐开线型线均适用。

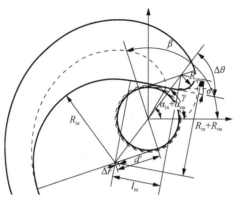

图 2-17　双圆弧直线修正

2.4.3　其他修正方法

1. 多段圆弧修正方法

以旋转中心 O 为原点建立坐标系，取定修正展角 β，在内外型线上取线展角分别为 $\beta + \pi$ 和 β 的两点 A_1 和 B_1，过这两点分别作基圆的切线 A_1G 和 B_1D，在两切线上分别取出大小圆弧的圆心点 E_1 和 F_1，做一对中心角为 λ_1、半径为 R_{d1} 和 R_{x1} 的 $\widehat{A_1A_2}$ 和 $\widehat{B_1B_2}$；再从 A_2 和 B_2 开始，在上一对圆弧的终边 E_1A_2 和 F_1B_2 上，取出下一段圆弧的圆心点 E_2 和 F_2，做一对中心角为 λ_2、半径为 R_{d2} 和 R_{x2} 的 $\widehat{A_2A_3}$ 和 $\widehat{B_2B_3}$；依次下去，每对圆弧都必须满足一对圆弧作为涡旋齿啮合型线的条件；然后以点 A_n 和 B_n 为始点作最后一对中心角为 λ_n、半径为 R_{dn} 和 R_{xn} 的 $\widehat{A_nC}$ 和 $\widehat{B_nC}$，如图 2-18 所示。最后一对圆弧的生成方法与双圆弧修正中的圆弧生成方法相同。

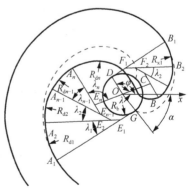

图 2-18　多段圆弧修正

2. 非对称修正齿形

非对称修正主要是为了增大动涡旋齿的投影面，为较大面积排气孔的开设创造条件。非对称修正是以对称修正为理论基础，通过改变圆弧圆心点的位置而形成。非对称修正齿形主要有：等角非对称圆弧修正齿形、等角非对称圆弧加线段修正齿形、不等角非对称圆弧修正齿形、不等角非对称圆弧加线段修正齿形等。

等角非对称圆弧修正齿形如图 2-19（a）所示，这种修正方法修正展角不变，圆心点偏移 δ_1 距离。由于修正展角不变，圆心只能在连接点处的公法线上移动相等的距离，即 $\delta_1=\delta_2$。图 2-19（b）表示不等角非对称圆弧修正齿形，通过改变两圆弧的半径及两圆弧的展角，从而改变修正后动静涡旋齿的齿头形状。

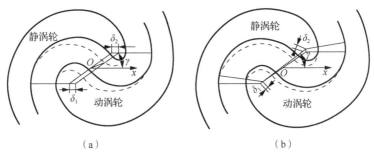

图 2-19 非对称双圆弧修正齿形

非对称圆弧加线段修正齿形如图 2-20 所示。其中图 2-20（a）为等角，图 2-20（b）为不等角。

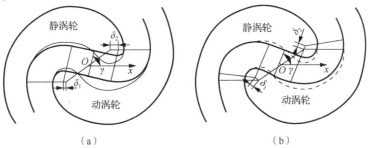

图 2-20 非对称圆弧加线段修正齿形

2.5 常用涡旋型线及其发展

除了常用的圆渐开线涡旋型线以外，还有很多其他型线也可作为涡旋齿啮合型线，如多边形渐开线、组合型线、渐变壁厚涡旋型线和通用型线等[11]。

1. 多边形渐开线

由多边形所生成的渐开线可以作为涡旋齿啮合型线，通常有：线段（正二边形）渐开线、正四边形渐开线、正六边形渐开线、平行四边形渐开线、菱形渐开线等。边数为偶数的正多边形渐开线都可以作为涡旋型线，多边形渐开线与圆渐开线一样形成等壁厚涡旋齿，圆渐开线是当边数趋近于无穷大时的特殊情况。图 2-21 表示几种多边形渐开线形成的涡旋齿。

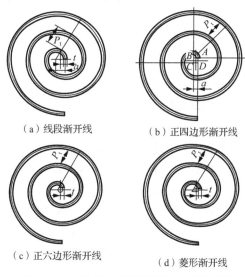

（a）线段渐开线　　　　　　（b）正四边形渐开线

（c）正六边形渐开线　　　　　　（d）菱形渐开线

图 2-21　几种多边形渐开线形成的涡旋齿

2. 组合型线

组合型线是以各种常用的型线为基础，在同一涡旋齿上将多段不同类型的型线光滑连接，以发挥不同型线的优势。与修正型线相比，它是修正型线的拓展，兼顾吸气、压缩、排气全过程，是常用型线的综合运用。常用的组合型线有：①基圆渐开线-一般曲线-基圆渐开线组合型线；②基圆渐开线-高次曲线-基圆渐开线组合型线。

图 2-22 表示圆渐开线-圆弧组合型线。被替代的渐开线整圈数越大，组合型线的壁厚越大，型线长度减少的程度越大。组合型线相比其原来渐开线型线长度有很大的缩短，这会使泄漏线的长度相应地缩短，提高效率、改善工作性能，但由于涡旋型线长度的缩短会使工作腔对数减少，导致工作腔之间压差增大，这又会使泄漏量增大，但气体与壁面热交换时间大大缩短，气体驻留在涡旋体内部时间大为缩短，使高温气体的热量来不及扩散就被排出腔体，有利于排气温度的降

低，提高了运行效率。

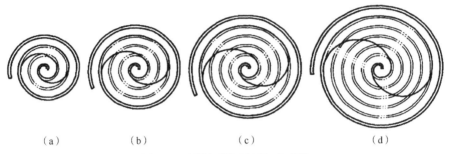

$$（a）\qquad\qquad（b）\qquad\qquad（c）\qquad\qquad（d）$$

图 2-22　圆渐开线-圆弧组合型线

3. 渐变壁厚涡旋型线

变基圆渐开线可以构成渐变壁厚涡旋齿，阿基米德型线、代数螺线也可构成渐变壁厚涡旋齿。

阿基米德型线是一个点匀速离开一个固定点的同时又以固定的角速度绕该固定点转动而产生的轨迹，也称为"等速螺线"，如图 2-23 所示。

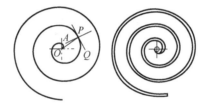

图 2-23　阿基米德型线及其形成的涡旋齿

阿基米德型线的方程为

$$\begin{cases} x = C\phi\cos\phi \\ y = C\phi\sin\phi \end{cases} \qquad（2\text{-}117）$$

共轭型线方程为

$$\begin{cases} x = -C\phi\cos\phi - R_{\mathrm{or}}\cos[\phi - \arctan(\dfrac{1}{\phi})] \\ y = -C\phi\sin\phi - R_{\mathrm{or}}\sin[\phi - \arctan(\dfrac{1}{\phi})] \end{cases} \qquad（2\text{-}118）$$

代数螺线与阿基米德型线的构成方式相同，只是代数螺线引入一个多变指数 k 来修正螺线的节距。当 $k=1$ 时，代数螺线与阿基米德型线形式相同，即阿基米

德型线为代数螺线的特殊形式。因此，可得代数螺线的方程为

$$
\begin{cases}
x = C\phi^k \cos\phi \\
y = C\phi^k \sin\phi
\end{cases}
\tag{2-119}
$$

共轭型线方程为

$$
\begin{cases}
x = -C\phi^k \cos\phi - R_{or} \cos[\phi - \arctan(\dfrac{k}{\phi})] \\
y = -C\phi^k \sin\phi - R_{or} \sin[\phi - \arctan(\dfrac{k}{\phi})]
\end{cases}
\tag{2-120}
$$

4. 通用型线

近年来，涡旋齿通用型线的研究成为一个重要课题。通用型线不仅涉及性能，而且会对加工成本造成很大的影响。通用型线不仅包含了涡旋齿常用的典型型线，而且易于扩展出新的型线和便于建立优化的统一数学模型。通用型线的三种基本形式如下：

$$
\text{I} : R_g(t) = C_0 + C_1 t
\tag{2-121a}
$$

$$
\text{II} : R_g(t) = C_0 + C_1 \cos(t + C_2)
\tag{2-121b}
$$

$$
\text{III} : R_g(t) = C_0 + C_1 t + C_2 t^2 + C_3 t^3
\tag{2-121c}
$$

式中，C_0、C_1、C_2、C_3为待定系数，根据设计进行选择；t为参数变量。

参 考 文 献

[1] 杨广衍，滕普光，张鹏，等. 涡旋真空泵的设计与操作[J]. 真空，2006, 43(4): 19-22.
[2] 黄英，李建军，韩晶雪，等. 干式涡旋真空泵的发展与关键问题[J]. 真空，2013, 50(3): 26-29.
[3] 蔡志娟，吕天慧，满宏献，等. 涡旋真空泵实际型线设计[J]. 液压气动与密封，2016, 36(6): 47-49.
[4] 巴德纯，杨乃恒. 涡旋干式真空泵结构对抽气性能的影响[J]. 真空，1999(1): 8-11.
[5] 巴德纯，许寿华，李树军，等. 涡旋式无油真空泵抽气机理的研究[J]. 真空，1998(3): 16-21.
[6] 王立存，陈进，王旭东，等. 基于包络原理的涡旋式滤油机真空泵通用涡旋型线等距曲线研究[J]. 中国机械工程，2011, 22(4): 412-415.
[7] 冯诗愚，顾兆林，李云. 涡旋机械的涡旋体始端型线研究[J]. 西安交通大学学报，1998(1):

88-92.

[8] Liu Y, Hung C, Chang Y. Study on involute of circle with variable radii in a scroll compressor[J]. Mechanism and Machine Theory, 2010, 45(11): 1520-1536.

[9] Lee Y R, Wu W F. A study of planar orbiting mechanism and its applications to scroll fluid machinery[J]. Mechanism and Machine Theory, 1996, 31(5): 705-716.

[10] 李连生, 束鹏程, 郁永章, 等. 涡旋型线对涡旋式压缩机性能的影响[J]. 西安交通大学学报, 1997(2): 45-50.

[11] 李连生. 线段渐开线涡旋压缩机的几何理论[J]. 流体机械, 1994(12): 22-28.

第 3 章

涡旋干式真空泵结构

涡旋干式真空泵多采用涡旋体公转型结构。其中一个涡旋盘不动的为静涡旋盘，另一个涡旋盘绕静涡旋盘公转平动的为动涡旋盘，在结构上还包括保证动涡旋盘绕静涡旋盘做公转平动的传动机构(轴系传动机构和防自转机构)、驱动装置、支架体以及附件等。

3.1 涡旋干式真空泵总体结构和工作过程

3.1.1 涡旋干式真空泵总体结构

作为容积式真空泵的一种，涡旋干式真空泵通过工作腔容积变化来达到抽气目的。涡旋干式真空泵是在涡旋压缩机基础上研究发展出的一种涡旋式流体机械。在涡旋压缩机的结构中，常采用单侧结构，压缩部分由涡旋转子与定子组成，不论转子、定子均只有一侧有涡旋体。单侧结构适用于转矩较大、抽气速率较小的应用工况。在真空泵应用中，通常转矩较小但抽气速率要求较大。因此，在转速一定的前提下，涡旋真空泵需要增大压缩腔的容积以满足提高抽气速率的要求。由于涡旋体高度和涡旋体圈数的增大均不能很好地满足真空泵使用要求，现代涡旋干式真空泵常使用双侧结构的转子。

图 3-1 为某典型涡旋干式真空泵的结构示意图[1]，主要包括曲轴、静涡旋盘（左定子、右定子）、动涡旋盘、防自转机构、吸气口以及排气口几部分，零部件

数量少，结构较为简单。

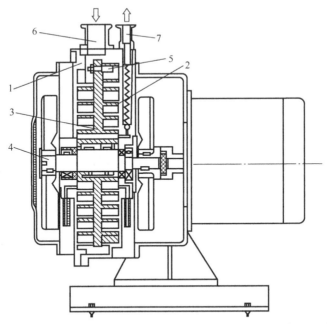

1-左静涡旋盘；2-右静涡旋盘；3-动涡旋盘；4-曲轴；5-防自转机构；6-吸气口；7-排气口

图 3-1　涡旋干式真空泵结构示意图

　　涡旋干式真空泵的核心是由动静涡旋盘啮合组成的涡旋盘副，如图 3-2 所示，涡旋盘是由一个或几个渐开线形成的一个涡旋型盘状结构体，动静涡旋盘相互以 $\Phi=\Pi/n$（n 为渐开线条数）的相位差组成一对涡旋盘副机构。其中，静涡旋盘固定于机架上，位于转子两侧，动涡旋盘安装于曲轴的偏心部分，受防自转机构的限制随曲轴的旋转以主轴偏心量 R_{or} 绕静涡旋盘中心做平动运动。一般由三个偏心量同为 R_{or} 的小曲轴构成防自转机构，均布在涡旋体的外圆周侧，小曲轴一端与动涡旋盘相连，另一端与静涡旋盘相连。

（a）静涡旋盘　　　　　　　　　　　（b）动涡旋盘

图 3-2　涡旋干式真空泵涡旋盘结构示意图

3.1.2   涡旋干式真空泵工作过程

涡旋干式真空泵的工作原理如图 3-3 所示。工作腔由两个型线共轭的涡旋盘组成，相位差为 Π，保持中心相距 R_{or} 啮合安装后，在两个涡旋体之间会形成一系列月牙形封闭工作腔。工作过程中，动涡旋盘绕静涡旋盘中心做平面圆周运动。最外侧月牙腔随主轴转动而逐渐张开，吸气口开在静涡旋盘外圆周，气体通过吸气通道进入外侧工作腔，伴随主轴转角的增大，进入涡旋工作腔的气体量增加，当外侧月牙腔重新闭合时吸气量达到最大值；之后随着主轴的继续转动，被封闭在月牙腔里的气体随着啮合点沿涡旋线展开角负方向向中心移动，涡旋工作腔容积逐渐变小，气体被不断压缩；最终当涡旋工作腔与中心排气口相通时，气体从中心处的排气通道排走，从而实现吸气、压缩与排气的工作过程，达到抽真空的目的[2]。

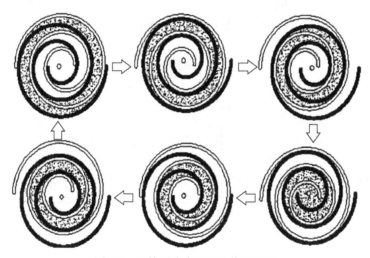

图 3-3   涡旋干式真空泵工作原理图

3.2   驱动与传动机构

涡旋干式真空泵的传动机构分为两种：主轴旋转机构用于传递动力；防自转机构用来使动涡旋盘保持平动。

3.2.1　驱动方式

在面对不同应用场景时，涡旋压缩机可分别采用电动机直连（全封闭式结构或开启式结构）或带传动（汽车空调用涡旋压缩机）方式，但涡旋干式真空泵一般都采用电动机直连驱动。

涡旋干式真空泵通常设计为开启式结构，即电动机被隔离在泵体以外，主轴伸出端与电动机转子上伸出的短轴直联。这种情况下，一般取弹性连接方式以缓和电动机转子中心线与主轴中心线装配时造成的同轴度误差[3]。涡旋干式真空泵较少设计为全封闭结构，通常只有采用波纹管密封电动机时[4]，如图 3-4 所示，才采用电动机转子与压缩机曲轴直接套装连接。这种情况下，电动机转子与主轴通过键或过盈配合方式连接，也可以是键与过盈配合同时使用。电动机转子内孔与主轴外径的过盈量与电动机功率大小有关，传递功率较大时选取较大过盈量，功率较小时可取较小过盈量，一般过盈量取 0.015～0.05mm[3]。

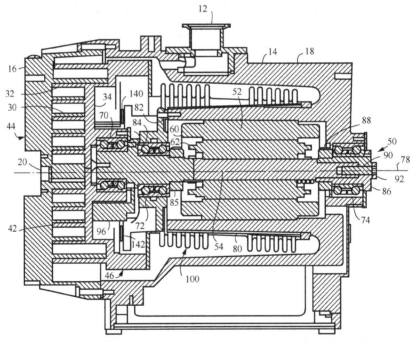

12-入口；14-泵壳；16-静涡旋盘底；18-框架；20-出口；30-静涡旋齿；32-动涡旋齿；34-动涡旋盘底；42-密封件；
44-静涡旋盘；46-动涡旋盘；50-驱动机构；52-电动机；54-曲轴；60-电动机定子；62-电动机转子；70-轴承；
72-主轴承；74-主轴承；78-回转轴线；80-中心都部；82-环；84-孔；85-螺母；86-轴承套；88-螺母；90-螺栓；
92-锁紧螺母；96-配重；100-波纹管组件；140-曲柄；142-曲柄

图 3-4　一种采用波纹管密封的涡旋干式真空泵

3.2.2 主轴结构

涡旋干式真空泵的吸气、排气过程通过动涡旋盘绕静涡旋盘中心平动实现,偏心主轴成为涡旋干式真空泵传动机构中最为重要的一部分,其常见结构如图 3-5 所示。

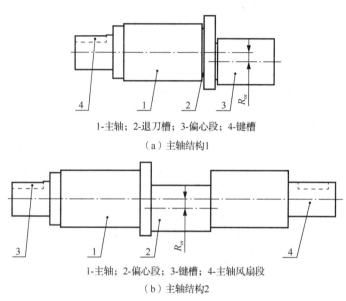

1-主轴;2-退刀槽;3-偏心段;4-键槽

（a）主轴结构1

1-主轴;2-偏心段;3-键槽;4-主轴风扇段

（b）主轴结构2

图 3-5 偏心主轴结构

图 3-5 中 R_{or} 为主轴偏心量,即曲轴偏心段中心线偏离主轴中心线的距离,也是动涡旋盘平动转动半径。

偏心主轴通常为钢件,常见牌号有 40Cr、45 钢等。可利用调质、渗碳或高频淬火等处理手段提高主轴硬度。特殊情况下也可使用 60Mn、Gr15 等作为主轴材料,来提高主轴的强度。

不同设计结构的涡旋干式真空泵的涡旋盘工作原理是相同的,但其传动机构的具体结构随设计结构变化而不同。

当涡旋干式真空泵设计为其典型结构,即双侧涡旋盘、双侧散热风扇时(图 3-1),其主轴结构通常如图 3-5(b)所示;当泵设计为单侧涡旋盘或单侧散热风扇时,其主轴结构通常如图 3-5(a)所示。

当主轴与电动机外伸轴采用弹性联轴器连接或主轴通过键直接连接电动机转子的情况下涡旋干式真空泵主轴可采用图 3-5(a)所示结构;当采用电动机转子与真空泵曲轴直接套装连接结构时,主轴电动机侧轴段应设计为较长轴段,此轴段与电动机转子间为过盈配合，过盈量与主轴传递的转矩大小相关，转矩越大过盈量越大。

一般情况下，主轴偏心段并不直接驱动动涡旋盘运动，而是依靠动涡旋盘内部的滚动轴承驱动，轴承的外表面才是动涡旋盘的真正驱动面。

通常干式真空泵主轴上应设置相应密封、隔油结构，例如可以设置用于安装O型密封圈的密封槽等。考虑不同结构需求与加工工艺，主轴上可以留有砂轮越程槽、螺纹退刀槽、退刀槽等。

3.2.3　防自转机构

公转式涡旋流体机械运转时，需要保证在任一时刻动涡旋盘和静涡旋盘以一定的偏心距 R_{or}、相位差 $2\Pi/n$（n 为渐开线条数）啮合，即相对公转平动，才能形成如图 3-3 所示的月牙工作腔，达到吸气、压缩、排气的工作过程。防自转机构的主要作用是防止动涡旋盘绕自身中心旋转运动。由于压缩气体切向力作用，动涡旋盘产生公转阻力矩和自转力矩，防自转机构即用于克服自转力矩。防自转机构的结构形式与性能直接影响转子的运动特性，进而影响涡旋干式真空泵的性能。

从机构学角度分析[5]，所有防自转机构的工作原理都相同，即平行四连杆机构原理，如图 3-6 所示。转子的运动规律与连杆 2 的运动规律相同。连杆 1、3 的长度与定子、转子间的偏心距 R_{or} 相同，也就是主轴的偏心距。连杆 1 相当于同电动机相连的偏心曲轴，随动连杆 3 随曲轴一起运动，且不论运动到什么位置，两者的瞬时角速度均相等。

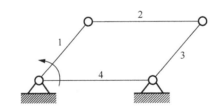

1-驱动连杆；2-平动连杆；3-随动连杆；4-固定不动的连杆
图 3-6　平行四连杆机构

常见的防自转机构如下。

1. 十字滑环

十字滑环由一对完整的有凹凸槽的环装配在一起，其常用结构如图 3-7 所示。十字滑环不在同一方向的四个键（每个方向各两个）应绝对垂直，四个键又分别与动涡旋盘、支架上的滑槽构成摩擦面。因此，对十字滑环有一定的刚度和硬度要求,十字滑环的硬度不能与动涡旋盘及支架的硬度相差太多,否则摩擦副的磨损会加剧。

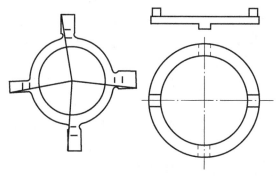

图 3-7　常见的十字滑环结构

十字滑环具有刚性好、结构简单、便于润滑以及工艺性好易装配等特点,常用于涡旋压缩机中。但由于其运动时存在往复惯性力,以及结构尺寸较大时,易引起振动噪声等,同时考虑十字滑环机构的润滑问题,较少应用于涡旋干式真空泵。

2. 球形联轴节

球形联轴节又称滚珠防自转机构,如图 3-8 所示。其结构类似于推力球轴承,两块主要几何参数相同的带孔板以一定中心距将钢制球卡在孔中组合而成,一块带孔板固定在动涡旋盘背面,另一块带孔板一般固定于支架上。球形联轴节既具有轴向推力轴承可以承载动涡旋盘上的轴向气体作用力的特点,又可以防止动涡旋盘自转。但其结构较为复杂,制造、装配要求较高,同时单个钢球容易受力不均。球形联轴节常用于汽车空调用涡旋压缩机,不适合应用在双侧结构的涡旋干式真空泵上。

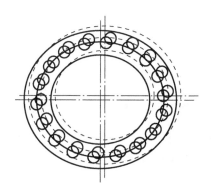

图 3-8　球形联轴节结构

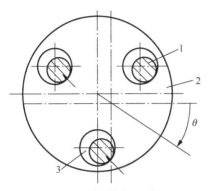

1-销；2-动涡旋盘；3-孔

图 3-9　圆柱销防自转机构结构

3. 圆柱销

圆柱销防自转机构利用固定在动涡旋盘背面圆周上的三个均布圆柱销配合定子外圆周的三个孔，也可以防止动涡旋盘的自转运动，其结构见图 3-9。这种防自转机构具有结构简单、易于装配、便于润滑等优点，但它的最大缺点是三个圆柱销与相应的三个圆柱槽的加工精度要求很高，特别是位置精度不能满足时，造成圆柱销与圆柱槽之间产生很大挤压力，严重时导致涡旋流体机械无法工作。因此，在涡旋压缩机的实际应用中，很难见到用三个圆柱销作为防自转机构的实例，为了调整圆柱销的瞬时受力，一般都设计为均布的六个圆柱销。

4. 曲柄销

曲柄销的一端插入转子背面的销孔中，另一端插入静涡旋盘或支架上的销孔中，均布的三个或以上数量的曲柄销组成涡旋流体机械的曲柄销式防自转机构，如图 3-10 所示。每一个曲柄销运动中始终保持与曲轴相同相位。其实任一曲柄销都是一个小曲轴，它的偏心量与主轴偏心量 R_{or} 保持一致，转动时保持与主轴同步。

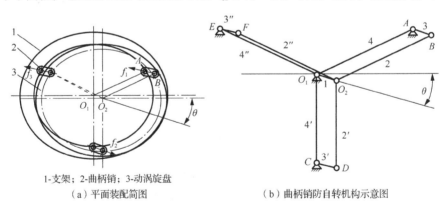

1-支架；2-曲柄销；3-动涡旋盘

（a）平面装配简图　　　　　　　（b）曲柄销防自转机构示意图

图 3-10　曲柄销防自转机构结构

三个曲柄销组成的防自转机构可以简化为仅有一个驱动轴的三个四连杆机构[6]。与十字滑块结构相比由移动副变为转动副，减少了摩擦损失；与圆柱销相比受力减少一半。

曲柄销具有结构简单、体积小、质量轻、易于装配、转动灵活等优点，但在实际应用中需要保证曲柄销的偏心距与主轴的偏心距尺寸一致。实际应用中为了改善润滑等问题，可在孔中设置滚针轴承、微型球轴承等提高运行稳定性与寿命。

5. 波纹管

Edwards 公司推出的一款风冷式全封闭涡旋干式真空泵如图 3-11 所示，其最大特点在于动涡旋盘与壳体之间通过金属波纹管进行连接，这种波纹管连接结构不仅提供了密封作用，同时还能防止动涡旋盘的自转。

波纹管结构将泵内的真空环境与泵内轴承和外界环境进行了隔离，使密封真空腔的密封圈为静密封，这样达到了泵腔内完全无油；波纹管结构起到了防止动涡旋盘自转的作用，替代了常用的小曲轴防自转机构，使得结构更紧凑；波纹管结构可以根据动涡旋盘受力的变化提供轴向和径向的补偿；由于波纹管的扭动增大了转矩，电动机功率增大。

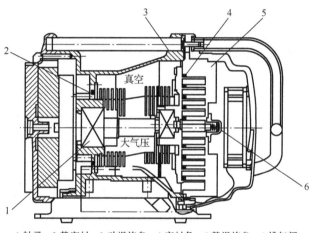

1-轴承；2-静密封；3-动涡旋盘；4-密封条；5-静涡旋盘；6-排气阀

图 3-11　使用波纹管防自转的涡旋干式真空泵

除了上述几种防自转机构以外，涡旋流体机械还可以利用零齿差齿轮达到防止动涡旋盘自转的目的，但由于加工装配精度要求较高，很少有应用的实例。

3.3　轴承与支撑

涡旋干式真空泵一般采用卧式结构，可以避免主轴及电动机转子等零部件的重力引起主轴的轴向窜动。考虑不同设计结构，涡旋干式真空泵有多种支撑布局方案，如图 3-12 所示。

封闭式涡旋干式真空泵由于主轴与电动机转子直连，所以可以设置两组跨过电动机转子、轴向距离较远的支撑，如图 3-12（a）所示。开启式涡旋干式真空泵依据散热风扇个数不同可分为双侧风扇涡旋干式真空泵和单侧风扇涡旋干式真空泵。转子双侧均设置散热风扇结构的两组支撑跨过涡旋转子，设置在两静涡旋盘的中心，如图 3-12（b）所示；只在电动机侧设置散热风扇的涡旋干式真空泵由于主轴不穿过前方的涡旋定子，只在电动机侧的涡旋定子中心或机架上布置两组轴向距离很近的两组支撑，如图 3-12（c）所示。

涡旋干式真空泵中轴承一般选用滚动轴承，依据功能的不同可选用不同类型的轴承。对主轴提供支撑位置的轴承一般选用深沟球轴承或角接触球轴承，驱动动涡旋盘运动的一般可以选择深沟球轴承，防自转机构中为改善性能可以选用滚针轴承或微型深沟球轴承。

卧式支撑的主轴仍然有轴向窜动问题，一般可以通过增加波形弹簧在对滚动轴承进行预紧的同时限制主轴的轴向窜动。

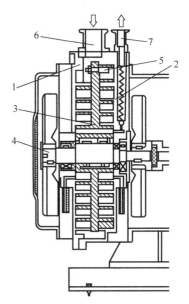

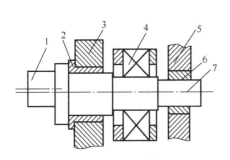

1-曲柄销；2-主轴承；3-支架；4-电动机；
5-轴承座；6-辅助支撑；7-主轴

（a）封闭式

1-左静涡旋盘；2-右静涡旋盘；3-动涡旋盘；
4-曲轴；5-防自转机构；6-吸气口；7-排气口

（b）开启式1

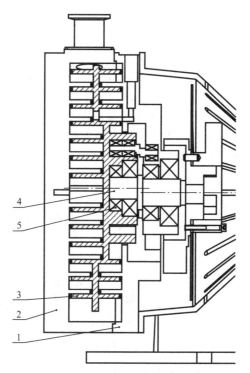

1-右静涡旋盘；2-左静涡旋盘；3-动涡旋盘；4-曲轴；5-轴承

（c）开启式2

图 3-12 卧式涡旋干式真空泵的支撑示意图

3.4 密封与润滑

3.4.1 涡旋干式真空泵中的密封

由于涡旋干式真空泵气流通道中没有油类或密封液体作为介质，主要依靠涡旋盘间相对运动形成的月牙腔将被抽气体排出，从而完成一个工作过程。因此，密封问题成为影响涡旋干式真空泵极限真空度的最主要问题。涡旋干式真空泵的密封主要有齿顶密封和径向啮合间隙处的密封，即齿侧密封[7]。由于涡旋干式真空泵的工作腔容积是连续变化的，相邻月牙腔之间的压差较小，从而降低了密封的难度。

1. 轴向间隙和齿顶密封

轴向间隙包括动涡旋盘、静涡旋盘的齿顶与端面之间形成的间隙。通常在动涡旋盘、静涡旋盘齿顶开设密封槽，嵌入特殊密封材料制成的密封条来实现轴向密封，其结构如图 3-13 所示。由于涡旋盘底面与密封条存在相对运动，故要求材料具有较好的耐磨性与耐高温性。对于双侧涡旋干式真空泵，动涡旋盘两侧工作腔的压差也会导致运转过程中轴向间隙的改变，同时泵运转中密封条在磨损后也需要补偿，因此对密封材料还有弹性上的要求。

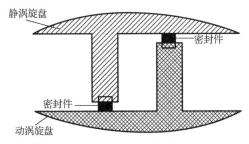

图 3-13　齿顶密封结构

目前的密封条多为单根 PTFE（聚四氟乙烯）材料，其失效可能性较大，杨广衍[8]提出一种复合型密封条，该密封条由工程塑料与弹性材料复合而成，可以同时满足对弹性及耐磨性的要求。近年来有一种如图 3-14 所示[9]的新型密封结构应用于涡旋干式真空泵内，这种新式密封结构由 3～5 条纵向薄片弯曲成型组合在一起。巴德纯等[10]也提出一种新式密封方式，在密封槽中设置弹簧或弹性元件，来达到提高密封效果的目的。

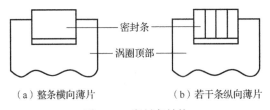

（a）整条横向薄片　　　　　（b）若干条纵向薄片

图 3-14　密封条结构

2. 径向间隙和齿侧密封

径向间隙指的是动涡旋盘、静涡旋盘侧壁面的间隙（图 3-15）。齿侧密封通常直接采用间隙密封的方法，因此啮合间隙的大小直接影响径向密封效果，进而影响涡旋干式真空泵的工作性能。间隙选得过大会严重影响泵的抽气速率与极限真空度，间隙过小可能导致运行过程中由于形变导致的卡死现象。因此合理选择间隙大小对于涡旋干式真空泵的设计十分重要，既要尽量减小间隙泄漏，又要保证泵能够正常运转。还可以通过修正涡旋齿厚[11-12]，控制实际运行间隙，使泵在运转过程中涡旋齿发生变形后的实际径向间隙达到最优间隙。

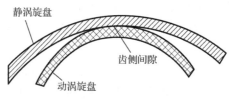

静涡旋盘

齿侧间隙

动涡旋盘

图 3-15　齿侧密封结构

3. 轴上动密封

大部分涡旋干式真空泵主轴均穿过转子中心，为了防止涡旋工作腔与外界大气间的泄漏，需要在主轴上设置动密封装置。

主轴上的动密封最常用的为 O 型橡胶圈或 V 型 PTFE 圈，或者选用如图 3-11 所示的波纹管结构，波纹管结构将泵内的真空环境与泵内轴承和外界环境进行了隔离，使密封真空腔的密封圈为静密封，这样达到了泵腔内完全无油。

4. 其他结构间隙和密封

双侧结构涡旋干式真空泵两静涡旋盘间、单侧结构涡旋干式真空泵静涡旋盘与壳体间、吸排气口与泵体间等机械结合面间由于加工精度、装配精度等原因会有一定的间隙，这些间隙的密封效果会直接影响涡旋干式真空泵的性能。

由于这些间隙处的密封一般都为静密封，实际应用中一般采用设置密封垫、密封圈的方式进行密封，其静密封的结构设计可以参考有关真空技术设计中的静密封设计方案。

3.4.2　涡旋干式真空泵中的润滑

涡旋干式真空泵作为干式真空泵的一种，其内部使用固体润滑的方式以替代润滑油等液态润滑方式。所谓固体润滑是指用镀、喷涂等方法将固体润滑剂黏着在摩擦表面上形成固体润滑膜，摩擦时在对偶材料表面形成转移膜，使摩擦发生在润滑剂内部，从而达到减少摩擦、降低磨损的目的。其润滑性能主要取决于能否在摩擦面上形成转移膜，转移膜是否具有低的摩擦系数，转移膜与基材黏着的牢固程度及耐磨性如何等因素。

涡旋体侧面一般留有间隙，两涡旋体间无摩擦，不需润滑，但由于形位精度及装配精度的影响，动涡旋盘、静涡旋盘的涡旋体侧面可能产生轻微接触问题，可以通过在基体表面形成固体润滑膜来解决。

涡旋干式真空泵齿顶多采用密封条，将密封条镶入转子和定子的涡旋体顶部的密封槽内，通过齿顶的密封条与底平面的弹性接触代替齿顶与底平面的直接刚性接触，既起到了密封和润滑作用，又可通过弹性的密封条，自动调节因加工、装配及变形而产生的轴向误差。

密封材料在干摩擦状态下需要耐高温、耐腐蚀以及耐磨损、自润滑等特性。目前常用 PES（聚醚砜树脂）、PEEK（聚醚醚酮）、PTFE（聚四氟乙烯）以及填充 PTFE 复合材料[13]。

PTFE 由于具有摩擦系数低、高低温性能好、化学稳定性好和不受环境气氛影响等优点，成为应用较多的材料之一。为了提高摩擦性能，应用中常添加 Al_2O_3、石墨或青铜等 PTFE 复合材料。

除了涡旋齿顶嵌入密封条的方式以外，还可以应用纳米结构喷涂固体自润滑复合材料涂层、等离子喷涂高温自润滑涂层以及热喷涂等离子技术等方式在涡旋齿顶形成致密、摩擦性能良好的润滑涂层。

涡旋干式真空泵作为干式真空泵的一种，泵内传动系统及防自转机构中的轴承润滑一般也选用脂润滑方式。

3.5 动平衡与冷却

3.5.1 动平衡

涡旋流体机械的转子受偏心曲轴驱动做平动运动，工作时产生的离心力作用在曲轴偏心段上会引起主轴受力的不平衡。因此，需要在主轴上设计平衡块对主轴进行离心力平衡。

动涡旋盘的质心与小平衡块的质心同处于主轴的偏心方向，即曲柄销一侧，而大平衡块的质心方向与其相反。受结构设计的限制，为平衡转动惯性力，涡旋式流体机械均须设立两个平衡块。

平衡块的安装位置和方式视轴的具体结构形式而定。

主轴只穿过单侧静涡旋盘的涡旋干式真空泵的平衡块设置位置类似于涡旋压

缩机。根据具体结构不同，两个平衡块可以分别设置在电动机转子两侧，也可以都设计在电动机与静涡旋盘间，如图 3-16 所示。此种平衡块提供离心力的部分一般设计为图 3-17 所示的形式。

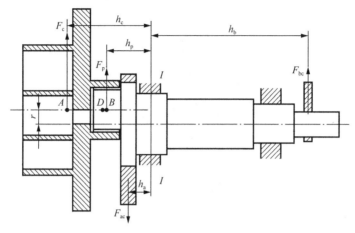

（a）单侧结构

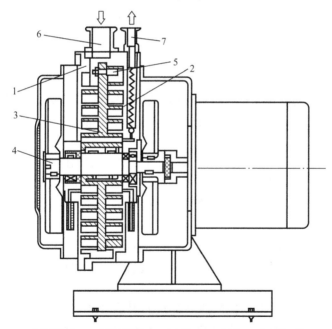

1-左静涡旋盘；2-右静涡旋盘；3-动涡旋盘；4-曲轴；5-防自转机构；
6-吸气口；7-排气口

（b）双侧结构

图 3-16 平衡块位置

如图 3-16（b）所示，主轴穿过两个静涡旋盘的涡旋干式真空泵，只要在主轴偏心段的两端分别添加质量块就可以平衡转子和主轴偏心段产生的离心力，图例中平衡块由冷却风扇兼做。

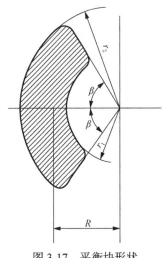

图 3-17　平衡块形状

3.5.2　冷却

1990 年，由 Kushiro 等[14]研制的卧式涡旋真空泵主要采用水冷的方式对泵内各部件进行润滑和冷却，由于水冷回路比较复杂，目前已经很少采用水冷方式对泵体进行冷却。

为简化整机结构，1998 年，Sawada 等[15]研制的涡旋真空泵采用风冷方式进行冷却，成为目前最为常见的冷却方式。此种结构主要是在主轴上装两个冷却风扇，分别位于两个静涡旋盘的端部，这两个冷却风扇同时起到对转子进行动平衡的作用。

全封闭式单侧涡旋盘的涡旋真空泵由于曲轴没有穿过动涡旋盘、静涡旋盘，不能用一个电动机带动静涡旋盘外的冷却风扇，需要另设电动机驱动冷却静涡旋盘的风扇。

另外，主轴只穿过电动机侧静涡旋盘的涡旋真空泵，一般只在两平衡块间设置一个冷却风扇。如为增强冷却能力，也可以在另一静涡旋盘外设置单独电动机驱动的风扇。

3.6　排气阀与气镇

3.6.1　排气阀

排气阀是真空泵的主要易损件之一，同时也影响泵的抽气性能与气动噪声。涡旋真空泵的排气阀为逆止阀，其主要有以下几种结构。

1. 阀片类

阀片类排气阀结构如图 3-18（a）所示，可以采用橡胶垫或弹簧钢片作为阀片，在阀上设置限位板。当腔内气体压力达到排气压力时，压缩气体推开阀片，排入大气。

2. 活塞类

此类排气阀结构如图 3-18（b）所示，由上至下依次设有相互抵接的排气适配器、排气弹簧、阀导向块、阀内弹簧及阀，其中阀抵接于连接在月牙工作腔上的排气通道。排气通道越短越可以减少压缩气体的残留并降低气流脉动冲击，减小噪声。

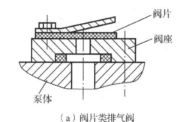

（a）阀片类排气阀

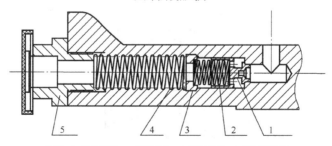

1-阀；2-阀内弹簧；3-阀导向块；4-排气弹簧；5-排气适配器

（b）活塞类排气阀

图 3-18　排气阀结构

由于涡旋真空泵实际工作时，泵口处的气体压力变化较大，一般在泵上设置一个或多个辅助排气阀。辅助排气阀的作用是在入口压力较高、被抽气体在未达到位于压缩终了处的排气通道已被压缩达到排气压力时，辅助排气阀打开，部分高压气体经由辅助排气阀排出，剩余气体继续压缩，通过排气阀排出泵内。合理设置辅助排气阀的数量与位置可以有效地改善涡旋真空泵的过压缩现象，减少功率损失。

3.6.2　气镇

通常，泵抽除的气体多为永久性气体和可凝性气体的混合物。泵上可以设置气镇阀用于抽除可凝性气体。在压缩与排气过程中，当可凝性气体的气体分压超过泵温下该气体的饱和蒸汽压时，可凝性气体将凝结并滞留在泵腔内，随月牙形工作腔的变化而反复蒸发、凝结。特别是在即将开始排气的终了工作腔，当后一工作腔中的气体冲击到凝结在壁面的液体时，容易对泵造成冲击和损害，降低泵的抽气性能。

此时，可以选用气镇法（或称掺气法）防止可凝性气体凝结，即在压缩过程中将经过控制的永久性气体（通常为室温下干燥空气）经由气镇孔掺入被压缩气体中，使在可凝性气体分压达到泵温时的饱和蒸汽压之前，被抽气体就已经达到排气压力，排气阀或辅助排气阀打开，将可凝性气体与永久性气体一同排出。

气镇阀（掺气阀）主要由节流阀和逆止阀两部分组成，其结构如图 3-19 所示。节流阀控制掺入气体量，逆止阀防止泵内气体高于掺气压力时出现返流。

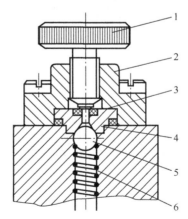

1-调节阀；2-气镇阀座；3-密封垫；4-挡块；5-钢球；6-弹簧

图 3-19　气镇阀结构

为改善泵的润滑条件，提高苛刻抽气条件下泵的性能与稳定性，扩大泵的应用范围，涡旋干式真空泵还可以选配多种配件，如油雾捕集器、尘粒过滤器、消声器等。伴随着技术进步与工艺要求的提高，涡旋真空泵的结构将愈加完善，性能将进一步提高，应用更加广泛。

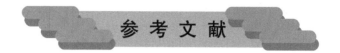

[1] 杨乃恒. 真空获得设备[M]. 2 版. 北京: 冶金工业出版社, 2001: 99-112.

[2] Bush J W. Maximizing scroll compressor displacement using generalized wrap geometry[C]. Proceedings of 1994 International Compressor Engineering Conference at Purdue, 1994: 205-210.

[3] 刘振全. 涡旋式流体机械与涡旋压缩机[M]. 北京: 机械工业出版社, 2009.

[4] 莱帕特, 沃伦, 小柯里. 轴向热膨胀受控的涡旋泵: 200580034095.8[P]. 2007-4-6.

[5] 斯通斯, 霍尔布鲁克. 涡盘含有不同高度的部分的涡旋真空泵涡旋盘顶部使用的密封条: 200580034095.8[P]. 2007-4-6.

[6] 李连生. 涡旋压缩机[M]. 北京: 机械工业出版社, 1998.

[7] 杨静, 陈素君. 涡旋真空泵——一种具有发展潜力的无油泵[J]. 真空, 2009, 46(1): 42-46.

[8] 杨广衍. 一种涡旋真空泵涡旋盘顶部使用的密封条: 200720016805.0[P]. 2009-1-28.

[9] 张鹏, 李秀英, 杨广衍. 涡旋真空泵的密封设计[J]. 沈阳航空工业学院学报, 2007, 24(2): 18-20.

[10] 巴德纯, 杨乃恒, 李树军, 等. 双侧无油涡旋真空泵: 97219914.4[P]. 1999-1-6.

[11] 顾兆林, 郁永章. 涡旋式压缩机[M]. 西安: 陕西科学出版社, 1998, 185-195.

[12] Su Y, Sawada T, Kamada S, et al. Theoretical study on the pumping mechanism of a dry scroll vacuum pump[J]. Vacuum, 1996, 47(6): 815-820.

[13] 王建吉, 刘涛, 孙旖彤, 等. 涡旋压缩机齿顶密封条摩擦磨损性能的研究[J]. 流体机械, 2018, 550(4): 9-13.

[14] Kushiro T, Miyazaki K, Kataoka H, et al. Development of a scroll-type oil-free vacuum pump[C]. Proceedings of the 1990 International Compressor Engineering Conference at Purdue, 1990: 147-155.

[15] Sawada T, Su Y, Sugiyama W, et al. Study of the pumping performance of a dry scroll vacuum pump[J]. JSME International Journal, Series B, 1998, 41(1): 184-190.

第 4 章

涡旋真空泵的力学分析

涡旋盘的力学分析和计算是涡旋真空泵研究和设计的重要部分，不同型线和结构的涡旋盘所受的气体力不同，本章以圆渐开线为例来分析涡旋真空泵的受力情况[1]。工作腔内气体所产生的气体力可分解为切向气体力、径向气体力和轴向气体力。工作腔内的气体压力随着主轴转角的变化而时刻发生变化，因而在不同的主轴转角下，工作腔气体力的大小、方向也均不相同。为了便于分析工作腔的气体力，做出如下假设：

（1）工作腔内气体为理想气体，恒定比热容，在工作腔内均匀分布。

（2）不考虑传热对吸气、压缩、排气过程的影响。

（3）整个过程的气体流动均为稳定流动，且忽略气体动能的影响。

（4）忽略气体泄漏。

（5）涡旋齿上的受力呈悬臂梁在均布载荷作用下的受力状态。

4.1 涡旋齿工作腔容积的计算

4.1.1 工作腔容积

对于圆渐开线涡旋齿，其工作腔轴向投影面积 S_w 可根据第 2 章式（2-49）获得，为了方便计算，令 $\alpha_{in} = \alpha_{ou} = \alpha$，当主轴转角为 θ 时，对于月牙形工作腔，即

除排气腔以外的工作腔，有

$$
\begin{aligned}
S_{\mathrm{w}} = \frac{1}{6} R_{\mathrm{g}}^2 \{ & [(\theta + \frac{\pi}{2} - 2\alpha)^3 - (\theta - \frac{\pi}{2})^3] \\
& - [(\theta - \frac{3\pi}{2} - 2\alpha)^3 - (\theta - \frac{5\pi}{2})^3] \}, \quad \theta \in [\theta^* + 2\pi, \phi_{\mathrm{e}} - \frac{\pi}{2}]
\end{aligned}
\tag{4-1}
$$

式中，θ^* 表示排气起始角；ϕ_{e} 表示渐开线终止展角。因此工作腔容积为

$$
\begin{aligned}
V_{\mathrm{w}} = \frac{h}{6} R_{\mathrm{g}}^2 \{ & [(\theta + \frac{\pi}{2} - 2\alpha)^3 - (\theta - \frac{\pi}{2})^3] \\
& - [(\theta - \frac{3\pi}{2} - 2\alpha)^3 - (\theta - \frac{5\pi}{2})^3] \}, \quad \theta \in [\theta^* + 2\pi, \phi_{\mathrm{e}} - \frac{\pi}{2}]
\end{aligned}
\tag{4-2}
$$

4.1.2　吸气腔容积

对于涡旋真空泵的工作腔容积，其吸气腔容积与涡旋盘终止展开角 ϕ_{e} 相关，根据第 2 章中展开角与主轴转角的关系，可知吸气完全结束时主轴转角 θ_{s} 位置为

$$
\theta_{\mathrm{s}} = \phi_{\mathrm{e}} - \frac{\pi}{2}
\tag{4-3}
$$

则有吸气腔容积 V_{s} 为

$$
\begin{aligned}
V_{\mathrm{s}} = \frac{h}{6} R_{\mathrm{g}}^2 \{ & [(\phi_{\mathrm{e}} - 2\alpha)^3 - (\phi_{\mathrm{e}} - \pi)^3] \\
& - [(\phi_{\mathrm{e}} - 2\pi - 2\alpha)^3 - (\phi_{\mathrm{e}} - 3\pi)^3] \}
\end{aligned}
\tag{4-4}
$$

4.1.3　排气腔容积

对于涡旋真空泵的排气腔容积，它的容积与排气起始角、修正型线有关。在计算排气腔容积之前需要先介绍涡旋齿面积的计算方法，本节以圆渐开线涡旋齿为例来介绍涡旋齿轴向投影面积的计算方法。圆渐开线涡旋齿的轴向投影面积如图 4-1 所示。当圆渐开线外型线展开角由 $\phi_{\mathrm{ou,1}} = \phi_1$ 变化到 $\phi_{\mathrm{ou,2}} = \phi_2$ 时，根据圆渐开线平面啮合理论，可得

$$
\phi_{\mathrm{in,1}} = \phi_1 - \pi
\tag{4-5}
$$

$$
\phi_{\mathrm{in,2}} = \phi_2 - \pi
\tag{4-6}
$$

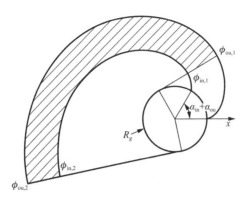

图 4-1　圆渐开线涡旋齿

由圆渐开线几何理论可知：

$$S_{ou} = \frac{1}{6} R_g^2 (\phi_2^3 - \phi_1^3) \tag{4-7}$$

$$S_{in} = \frac{1}{6} R_g^2 [(\phi_2 - 2\alpha)^3 - (\phi_1 - 2\alpha)^3] \tag{4-8}$$

因此，圆渐开线涡旋齿面积 S_t 为

$$S_t = S_{ou} - S_{in} = \frac{1}{6} R_g^2 \{[\phi_2^3 - (\phi_2 - 2\alpha)^3] - [\phi_1^3 - (\phi_1 - 2\alpha)^3]\}$$
$$= R_g^2 [\alpha(\phi_2^2 - \phi_1^2) - 2\alpha^2(\phi_2 - \phi_1)] \tag{4-9}$$

本章只对两种情况的排气腔进行理论分析，第一种型线不进行修正，如图 4-2 所示，第二种采用直接截断法进行齿头修正，如图 4-3 所示。

图 4-2 中面积 S_{11} 为静涡旋盘内型线与基圆所围成的面积，当主轴转角 $\theta \in [0, 2\pi]$ 时，由式（2-49）可得

$$S_{11} = \frac{1}{6} R_g^2 [(\theta + \frac{\pi}{2} - 2\alpha)^3 - (\theta - \frac{\pi}{2} - 2\alpha)^3] \tag{4-10}$$

图 4-2 中 S_{12} 为中心重合面积，其面积为

$$S_{12} = \begin{cases} R_g^2 (\pi - 4\alpha), & R_{or} \geqslant 2R_g \\ R_g^2 \{(\pi - 4\alpha) + 2\cos^{-1}(\frac{\pi}{2} - \alpha) - (\pi - 2\alpha)\sin[\cos^{-1}(\frac{\pi}{2} - \alpha)]\}, & R_{or} < 2R_g \end{cases} \tag{4-11}$$

对于涡旋齿 S_{13} 的投影面积，由于没有进行修正，在计算涡旋齿投影面积时，

需要加上外型线长于内型线的部分，则有

$$S_{13} = S_t \Big|_{2\alpha}^{\theta - \frac{\pi}{2}} + S_{ou} \Big|_0^{2\alpha} = R_g^2 \{\alpha[(\theta - \frac{\pi}{2})^2 - 4\alpha^2] - 2\alpha^2(\theta - \frac{\pi}{2} - 2\alpha)\} + \frac{4}{3} R_g^2 \alpha^3 \quad （4\text{-}12）$$

则有中心腔面积 S_1 为

$$S_1 = 2(S_{11} - S_{13}) - S_{12} \quad （4\text{-}13）$$

因此中心腔容积为

$$V_1 = S_1 h = \frac{h}{3} R_g^2 [(\theta + \frac{\pi}{2} - 2\alpha)^3 - (\theta - \frac{\pi}{2} - 2\alpha)^3]$$

$$- 2R_g^2 h \{\alpha[(\theta - \frac{\pi}{2})^2 - 4\alpha^2] - 2\alpha^2(\theta - \frac{\pi}{2} - 2\alpha)\} - \frac{8h}{3} R_g^2 \alpha^3 - S_{12} h \quad （4\text{-}14）$$

当排气起始角为 θ^* 时，有排气腔容积 V_d 为

$$V_d = V_1(\theta^*) \quad （4\text{-}15）$$

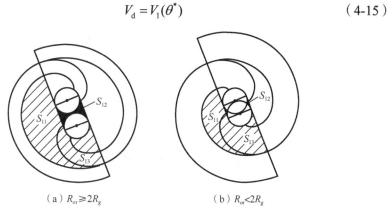

（a）$R_{or} \geq 2R_g$　　　　　　　　　　（b）$R_{or} < 2R_g$

图 4-2　型线不做修正的排气腔轴向投影面积

当采取直接截断法修正涡旋齿头时，其中心工作腔求法与上述方法基本相同，如图 4-3 所示，只是在计算涡旋齿面积处有所差异，涡旋齿面积 S_{13} 为

$$S_{13} = R_g^2 \{\alpha[(\theta - \frac{\pi}{2})^2 - \phi_d^2] - 2\alpha^2(\theta - \frac{\pi}{2} - \phi_d)\} \quad （4\text{-}16）$$

式中，ϕ_d 为截断点的展开角。

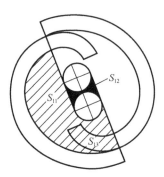

图 4-3　型线直接修正的排气腔轴向投影面积

4.1.4　压缩比

两个工作腔的理想气体压缩过程无泄漏，不考虑工作腔内气体的传热问题，压缩过程为绝热，绝热压缩指数为 k，由理想气体的绝热方程 $p_s V_s^k = p_i V_i^k$，可得任意时刻任意工作腔的压缩比 ε_i 为

$$\varepsilon_i = \frac{P_i}{P_s} = (\frac{V_s}{V_i})^k = (\frac{S_s h}{S_i h})^k = (\frac{S_s}{S_i})^k \tag{4-17}$$

式中，i 表示第 i 级工作腔；s 表示吸气腔。

4.2　涡旋齿气体力分析

图 4-4 表示涡旋齿的受力图，当主轴转角为 θ 时，取动涡旋盘 ABC 段为研究对象，动涡旋盘、静涡旋盘中心连线方向为曲轴方向，两基圆中心的距离为主轴曲柄的半径 R_{or}。由于 BC 段两侧的腔室是对称的，则 BC 段两侧的气体压力相等，那么该段涡旋齿两侧的气体力相互平衡，故 AC 段的气体力只需分析 AB 段涡旋齿的即可[2-4]。对于 AB 段上的任意一点，涡旋齿所受的压差 Δp_1 可分解为切向压差 Δp_t 和法向压差 Δp_r，则有

$$\begin{cases} \Delta F_t = \Delta F \cos\theta \\ \Delta F_r = \Delta F \sin\theta \end{cases} \tag{4-18}$$

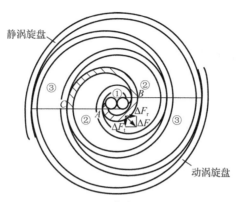

图 4-4　涡旋齿的受力图

（1）切向力。取图 4-4 中 AB 段曲线，过点 F 作曲柄垂线，并与动涡旋盘基圆相切，如图 4-5 所示。AB 段所受的切向气体力等于涡旋齿两侧的压差 Δp_1 与曲线对应的涡旋齿的切向投影面积的乘积。点 F 将曲线 AB 分为两段，则有

$$F_{t1}(\theta) = \Delta p_1 (l_{AD} + l_{EB}) h \qquad (4\text{-}19)$$

对于 l_{AD} 和 l_{EB}，根据渐开线性质可得

$$l_{AD} = \rho_A + R_g = R_g(\theta - \frac{\pi}{2}) + R_g \qquad (4\text{-}20)$$

$$l_{EB} = R_g(\theta + \frac{\pi}{2}) - R_g \qquad (4\text{-}21)$$

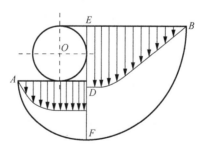

图 4-5　涡旋齿切向力的受力图

当吸气压力为 p_s，吸气容积为 V_s 时，有

$$\varepsilon_1 = \frac{p_1}{p_s} = (\frac{V_s}{V_1})^k, \quad \varepsilon_2 = \frac{p_2}{p_s} = (\frac{V_s}{V_2})^k, \quad \cdots, \quad \varepsilon_i = \frac{p_i}{p_s} = (\frac{V_s}{V_i})^k \qquad (4\text{-}22)$$

AB 段两侧的压差 Δp_1 为

$$\Delta p_1 = p_1 - p_2 = p_s(\varepsilon_1 - \varepsilon_2) \tag{4-23}$$

同理，各段两侧的压差为

$$\Delta p_2 = p_2 - p_3 = p_s(\varepsilon_2 - \varepsilon_3)$$
$$\vdots$$
$$\Delta p_i = p_i - p_{i+1} = p_s(\varepsilon_i - \varepsilon_{i+1}) \tag{4-24}$$

式中，$i=1,2,3,\cdots$。

各工作腔中的气体作用在涡旋盘上的切向力形成平行力系，则作用在曲柄切向的合力为

$$F_t(\theta) = \sum_{i=1}^{N} F_{ti}(\theta) = 2p_1 R_g h \sum_{i=1}^{N}[\theta + 2(i-1)\pi](\varepsilon_i - \varepsilon_{i+1}) \tag{4-25}$$

式中，N 为工作腔数。

（2）法向力。图 4-6 为 AB 段所受法向力的受力图，AB 段所受的法向力沿曲柄中心指向曲轴中心，等于压差 Δp_1 乘以对应的涡旋齿法向投影面积。图中 AFN 段法向投影面积同为 FD，因此该段的法向受力相互平衡，因此只考虑 NB 段，则法向力为

$$F_{r1}(\theta) = \Delta p_1 l_{DE} h = 2\Delta p_1 R_g h \tag{4-26}$$

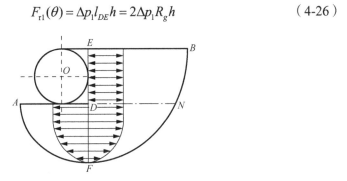

图 4-6　涡旋齿法向力的受力图

同理其他段涡旋齿的法向力的作用面积也只存在于 $2R_g$ 宽度的中心带上，压力平行于曲柄，作用在曲柄销上，则曲柄销所受法向气体力为

$$F_r(\theta) = \sum_{i=1}^{N} F_{ri}(\theta) = \sum_{i=1}^{N} 2R_g p_s(\varepsilon_i - \varepsilon_{i+1}) = 2R_g h p_s(\varepsilon_1 - \varepsilon_{i+1})$$
$$= 2R_g h_s(p_1 - p_{N+1}) \tag{4-27}$$

根据涡旋真空泵的吸、排气腔的压力，可知 p_1 即为排气压力 p_d，p_{N+1} 即为吸气压力 p_s，由 $\varepsilon_1 = p_1 / p_s$ 可得

$$F_r(\theta) = 2R_g h_s p_s (\varepsilon_1 - 1) \tag{4-28}$$

（3）轴向力。气体作用在涡旋盘上的轴向力可用各工作腔的压力与各工作腔室轴向面积的乘积表示，即

$$
\begin{aligned}
F_a(\theta) &= \sum_{i=1}^{N} F_{ai}(\theta) = P_1 S_1 + 2\sum_{i=2}^{N} P_i S_{wi} \\
&= P_1 S_1 + 2 p_s \sum_{i=2}^{N} \varepsilon_i S_{wi}
\end{aligned} \tag{4-29}
$$

式中，S_1 的面积需要根据不同的齿头修正方式来进行具体计算。

4.3　非整数圈涡旋齿的气体力分析

4.3.1　非整数圈的定义

一般涡旋真空泵根据实际压缩比的需求，涡旋齿可采用非整数圈。整数圈与非整数圈的几何区别在于最外圈涡旋齿截断点的中心展角不相同。当涡旋线为非整数圈时，使用 λ 表示非整数圈涡旋齿的完整程度：

$$\lambda = 2\pi \left(N + \frac{1}{4} \right) - \phi_e \tag{4-30}$$

式中，N 满足：

$$\frac{\phi_e - 0.5\pi}{2\pi} \leqslant N \leqslant \frac{\phi_e - 0.5\pi}{2\pi} + 1 \tag{4-31}$$

当 λ 为零时，称涡旋齿为整数圈涡旋齿，而当 λ 不为零时，称涡旋齿为非整数圈涡旋齿。对于未进行任何修正的涡旋线展开圈数为 N 的涡旋齿，它具有两个特点：

（1）它们的吸气角和排气角相等。

（2）涡旋线的展开圈数 N 与工作腔对数 n（n 个成对的工作腔）的关系为

$N = n - 1 / 4$。

4.3.2　气体力分析

对于非整数圈涡旋齿未进行修正的涡旋盘，λ 越大，非整数圈的不完整程度越大，气体的吸气量越小，气体停留在工作腔的时间越短，而所形成的工作腔对数不会改变。设吸气角为最外圈截断点达到啮合点时的曲轴转角 θ_s，则切向气体力 $F_t(\theta)$ 为

$$F_t(\theta) = \begin{cases} 2p_1 R_g h \sum_{i=1}^{N-1} [\theta + 2(i-1)\pi](\varepsilon_{i-1} - \varepsilon_i), & 0 \leqslant \theta < \theta_s \\ 2p_1 R_g h \sum_{i=1}^{N} [\theta + 2(i-1)\pi](\varepsilon_{i-1} - \varepsilon_i), & \theta_s \leqslant \theta < 2\pi \end{cases} \quad (4\text{-}32)$$

当 $0 \leqslant \theta < \theta_s$ 时，最外圈未封闭，当 $\theta_s \leqslant \theta < 2\pi$ 时，最外圈封闭。法向力由于只存在于 $2R_g$ 的中心带，故法向力没有变化。当 $\theta^* > \theta_s$ 时，工作腔最多能形成 N 对；当 $\theta^* \leqslant \theta_s$ 时，工作腔最多能形成 $N-1$ 对，即在达到吸气角之前，第一个腔室先达到排气角，则轴向气体力为

$$F_a(\theta) = \begin{cases} P_1 S_1 + 2p_s \sum_{i=2}^{N} \varepsilon_i S_{wi}, & \theta^* > \theta_s \\ P_1 S_1 + 2p_s \sum_{i=3}^{N} \varepsilon_i S_{wi}, & \theta^* \leqslant \theta_s \end{cases} \quad (4\text{-}33)$$

4.4　涡旋真空泵主要受力分析

涡旋真空泵中主要零部件的受力情况比较复杂，以下参考涡旋压缩机的情况做简要介绍，供设计涡旋真空泵时参考。

4.4.1　动涡旋盘的受力分析

动涡旋盘的受力比较复杂，其受力情况如图 4-7 所示。

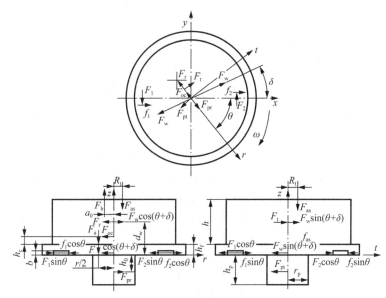

图 4-7　动涡旋盘受力分析图

图 4-7 中相关计算符号说明如下：

F_a、F_r、F_t——动涡旋盘轴向、径向、切向气体力（N）；

F_1、F_2——制动力（N）；

F_{oc}——动涡旋盘离心力（N），$F_{oc}=m_0a_0\omega^2$，m_0 为动涡旋盘质量（kg）；

F_{pr}——曲柄销的径向驱动力（N）；

F_{pt}——曲柄销的切向驱动力（N）；

F_{as}——轴向密封力（N）；

F_b——背压腔气体力（N）；

h_c——动涡旋盘质心距盘底的距离（mm）；

h_f——动涡旋盘底盘厚度（mm）；

h_p——曲柄销轴套高度（mm）；

h_0——十字滑环到曲柄轴套中心的距离（mm）；

d_w——型线质心到一次平衡重心的距离（mm）；

b——动涡旋盘键槽高度（mm）；

r_p——曲柄销半径（mm）；

f_{as}——轴向密封力对应的摩擦力（N），$f_{as}=\mu_{as}F_{as}$，μ_{as} 为动涡旋盘与静涡旋盘接触面处的摩擦系数；

f_1、f_2——制动力的摩擦力（N），$f_1=\mu_1F_1$，$f_2=\mu_2F_2$；

F_w——型线及一次平衡的离心力形成的一对力偶；

δ——F_w 与 x 轴的夹角；

M_w——F_w 产生的力偶矩（N·mm），$M_w = F_w d_w$；

M_o——切向气体力产生的自转力矩（N·mm），$M_o = F_t \cdot r / 2$；

M_P——曲柄销作用于动涡旋盘轴套的摩擦力矩（N·mm），$M_P = \mu_P r_P \sqrt{F_{pr}^2 + F_{pt}^2}$，$\mu_P$ 为曲柄销处的摩擦系数；

M_{as}——轴向密封力的摩擦力产生的摩擦力矩（N·mm）；

M_f——制动力及摩擦力产生的力矩（N·mm），$M_f = (F_1 + F_2)n_0 + (\mu_1 F_1 + \mu_2 F_2)e/2$。

图 4-8 表示背压腔气体力 F_b 作用点分析图，在动涡旋盘与背压腔之间区域的气体力 P_m 介于吸气压力 P_s 与背压 P_b 之间。任意主轴转角下背压腔气体力的作用点到动涡旋盘基圆圆心的距离 r_b 为

$$r_b = \frac{(P_b - P_m)R_{th}^2}{(P_b - P_m)R_{th}^2 + P_m R_{max}^2} R_g \qquad (4\text{-}34)$$

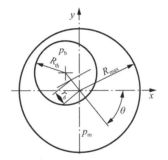

图 4-8　背压腔气体力作用点分析图

根据力和力矩平衡关系（在法向和切向方向上对动涡旋盘轴套一般高度处取力矩），可得动涡旋盘的力学模型为

$$\sum F_r = 0, \quad F_{oc} - F_r + F_1 \sin\theta - F_2 \sin\theta + f_1 \cos\theta - f_2 \cos\theta - F_{pr} = 0 \qquad (4\text{-}35)$$

$$\sum F_t = 0, \quad F_t - F_1 \cos\theta + F_2 \cos\theta + f_1 \sin\theta + f_2 \sin\theta + f_{as} - F_{pt} = 0 \qquad (4\text{-}36)$$

$$\sum F_z = 0, \quad F_b - F_a - F_{as} = 0 \qquad (4\text{-}37)$$

$$\sum M_r = 0, \quad -F_{as}R_t - F_w d_w \sin(\theta + \delta) + [(f_1 + f_2)\sin\theta - (F_1 - F_2)\cos\theta]h_0$$
$$- f_{as}\left(h_f + \frac{h_p}{2}\right) - F_1\left(\frac{h_p}{2} + h_f + \frac{h}{2}\right) = 0 \qquad (4\text{-}38)$$

$$\sum M_t = 0, \quad -F_{as}R_r - F_w d_w \cos(\theta+\delta) + [(f_1+f_2)\cos\theta - (F_1-F_2)\sin\theta]h_0$$

$$-F_{oc}\left(h_c + h_f + \frac{h_p}{2}\right) + F_t\left(\frac{h_p}{2} + h_f + \frac{h}{2}\right) + F_a\frac{r}{2} - F_b r_b = 0 \tag{4-39}$$

$$\sum M_z = 0, \quad M_{as} + M_p + M_f - M_0 = 0 \tag{4-40}$$

4.4.2　十字滑环受力分析

十字滑环的运动为沿着机架上的键槽做直线运动，其运动方程为 $V_{or}=\omega r\sin\theta$，图 4-9 为十字滑环的受力分析图。设样机机架的键槽为 y 轴方向，动涡旋盘上的键槽为 x 轴方向，十字滑环在 y 轴方向上做往复运动，其上的作用力有：

（1）十字滑环的运动惯性力，且有 $F_{orc}=m_{or}\omega^2 r\sin\theta$（$m_{or}$ 为十字滑环的质量），作用点为 $(0,0,0)$。

（2）十字滑环的重力，且有 $F_{org}=m_{or}g$，作用点为 $(0,0)$。

（3）动涡旋盘的作用力为 F_1 和 F_2，其作用点分别为 $(n_0,0)$ 和 $(-n_0,0)$。

（4）机架的作用力为 F_3 和 F_4，其作用点分别为 $(0,-n_0)$ 和 $(0,n_0)$。

（5）动涡旋盘和机架键槽的摩擦力为 f_1、f_2、f_3 和 f_4，摩擦力的作用点和方向如图 4-9 所示，其大小为

$$f_i = |\mu_i|\frac{\sin\theta}{|\sin\theta|}F_i, \quad i=1,2,3,4 \tag{4-41}$$

式中，μ_1、μ_2、μ_3、μ_4 为摩擦系数。

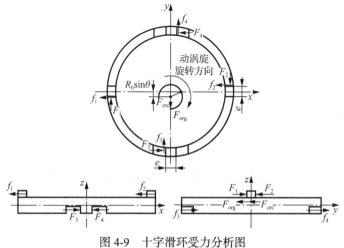

图 4-9　十字滑环受力分析图

十字滑环和力矩的平衡方程如下：

$$\sum F_x = 0, \quad F_3 - F_4 - f_1 - f_2 = 0 \tag{4-42}$$

$$\sum F_y = 0, \quad F_1 - F_2 + f_3 + f_4 - F_{orc} - F_{org} = 0 \tag{4-43}$$

$$\sum M_z = 0, \quad (F_1 + F_2 - F_3 - F_4)n_0 + (f_1 + f_3 - f_2 - f_4)\frac{e}{2} = 0 \tag{4-44}$$

式中，n_0 为十字滑环的平均半径；e 为十字滑环键宽。

切向气体力、径向气体力、惯性力、惯性力矩等作用在动涡旋盘上，将会引起动涡旋盘的倾覆。轴向密封力用于抵消上述各个力引起的倾覆力矩。各力对法向方向的力矩 M_{mr}、对切向方向的力矩 M_{mt} 分别为

$$\begin{cases} M_{mr} = F_{as}R_r \\ M_{mt} = F_{as}R_t \end{cases} \tag{4-45}$$

式中，R_r 为十字滑环的平均半径；R_t 为十字滑环的宽度。

倾覆力矩 M_m 的大小为

$$M_m = \sqrt{M_{mr}^2 + M_{mt}^2} \tag{4-46}$$

其力矩的方向角为

$$\theta_m = \arctan \frac{M_{mt}}{M_{mr}} \tag{4-47}$$

动涡旋盘的稳定性系数为

$$\varepsilon = \frac{\sqrt{R_r^2 + R_t^2}}{R_f} \tag{4-48}$$

式中，R_f 为动涡旋盘底板的外径。当 $\varepsilon \leqslant 1$ 时，动涡旋盘能稳定运行。

4.5　涡旋真空泵的动平衡设计

涡旋真空泵的动涡旋盘是在防自转机构的约束下，由曲轴带动相对静涡旋盘

做公转运动。在运转过程中，由不平衡质量产生的离心惯性力会引起整个机器的振动，产生噪声，增加能耗，加快轴承的磨损，缩短机器的寿命，严重时还会导致重大事故的发生[5]。对涡旋真空泵转子进行严格的平衡，是降低涡旋真空泵振动以及提高涡旋真空泵使用安全性、可靠性、寿命和效率的重要措施之一，也是实现低振动、低噪声性能的保证，由此可见涡旋真空泵转子的动平衡设计在涡旋真空泵制造中占有重要地位。

4.5.1　一次平衡

动涡旋盘一次平衡的方法有两种：一种是采用在动涡旋盘底板的一定位置增加或减少一定的质量，从而将动涡旋盘的质心移到动涡旋齿的基圆中心所在的轴线上，即动涡旋盘曲轴驱动中心的轴线；另一种是在设计时通过计算动涡旋盘涡旋齿的质心，将其移动到曲轴的驱动中心，完成动涡旋盘旋转惯性力和旋转惯性力矩的平衡。

第一种方法存在不可避免的倾覆力矩，如图 4-10 所示。F_w 和 F'_w 分别为动涡旋盘涡旋齿的旋转惯性力和一次平衡质量的旋转惯性力，两者大小相等，方向相反，分别作用在两个平面内，它们之间的距离为 d_w，这种使动涡旋盘有倾斜趋势的惯性力矩为倾覆力矩，即

$$M_w = F_w d_w \qquad (4\text{-}49)$$

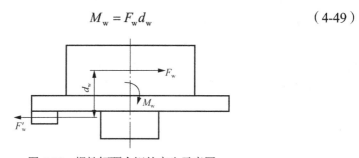

图 4-10　惯性倾覆力矩的产生示意图

第二种方法是在设计时，首先利用二重积分计算出动涡旋盘涡旋齿的质心位置 $(\overline{x}, \overline{y})$，其质心方程为

$$\overline{x} = \frac{\displaystyle\iint_D x \mathrm{d}\sigma}{\displaystyle\iint_D \mathrm{d}\sigma} \qquad (4\text{-}50a)$$

$$\overline{y} = \frac{\iint\limits_{D} y \mathrm{d}\sigma}{\iint\limits_{D} \mathrm{d}\sigma} \qquad (4\text{-}50\text{b})$$

式中，σ 为动涡旋盘涡旋齿内外壁组成的封闭面积；D 为二重积分求质心公式中的积分面积。

在设计制造的过程中，将此质心平移到动涡旋盘底板的中心位置，以消除动涡旋盘在随曲轴绕静涡旋盘公转的过程中所产生的旋转惯性力和旋转惯性力矩。

4.5.2　二次平衡

动涡旋盘相对于主轴偏心地布置于曲柄销上，因而主轴旋转过程中所产生的动涡旋盘惯性力必将传递到主轴上，如果不平衡、抵消此惯性力，则会引起涡旋真空泵的振动。考虑涡旋真空泵的结构限制，可采用主、副两块平衡块共同平衡旋转惯性力及其力矩。

为了平衡由偏心质量引起的旋转惯性力，在其相反的方向加平衡块，使主轴上的旋转惯性力的合力为零，称之为二次平衡。由于受结构设计的限制，这几部分旋转惯性力不可能作用在一条直线上，如果仅仅采用一块平衡块，对主轴的惯性力矩将得不到平衡，因此应最少加两块平衡块。

二次平衡中主轴的受力模型如图 4-11 所示，将动涡旋盘与主轴作为一体考虑，认为动涡旋盘惯性力 F_c 作用在动涡旋盘高度方向的质心位置 A 点，曲柄销惯性力 F_p 作用在其长度中点 B，主平衡块、副平衡块所产生的惯性力分别用 F_{ac} 和 F_{bc} 表示，曲柄销回转半径为 R_{or}，各力相对于 $I\text{-}I$ 平面上主轴支撑点的力臂均显示于图 4-11 中。主轴与动涡旋盘组合体在上述惯性力作用下处于平衡状态，故可以得到如下形式的惯性力及力矩平衡方程：

$$F_{ac} = F_c + F_p + F_{bc} \qquad (4\text{-}51)$$

$$F_{ac} h_a F_{bc} h_b = F_p h_p F_c h_c \qquad (4\text{-}52)$$

式中，h_a 为主平衡块离 $I\text{-}I$ 平面上主轴支撑点的距离（mm）；h_b 为副平衡块离 $I\text{-}I$ 平面上主轴支撑点的距离（mm）；h_p 为曲柄销中心离 $I\text{-}I$ 平面上主轴支撑点的距离（mm）；h_c 为动涡旋盘质心离 $I\text{-}I$ 平面上主轴支撑点的距离（mm）。

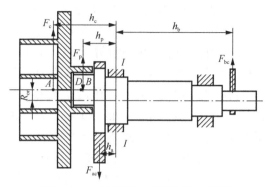

图 4-11 二次平衡中主轴的受力模型

4.5.3 SolidWorks 在涡旋真空泵动平衡设计中的应用

涡旋真空泵曲轴的结构特点决定了曲轴连同转子运动的不平衡。动平衡设计直接影响到涡旋真空泵的工作性能。在动平衡设计中由于转动部件结构复杂，求解所受的旋转惯性力与旋转惯性力矩较为复杂、烦琐。利用 SolidWorks Motion 对涡旋真空泵的动平衡设计进行仿真分析，可以快速验证动平衡设计方案的合理性，帮助设计者优化方案[6-9]。

SolidWorks Motion 是一款强大的内嵌于 SolidWorks 中的机构运动仿真软件，SolidWorks 三维装配体中的材料和装配关系可以直接传递到 Motion 中，方便使用者的一体化操作。为了说明 SolidWorks Motion 的使用方法，以图 4-12 中所示的转子装配模型为例，进行 Motion 仿真分析。

图 4-12 转子装配图

为了仿真分析，在 SolidWorks 中建立如图 4-12 所示的转子装配图，在装配时要尽量减少冗余约束，以及冗余约束对动平衡的影响。首先在 SolidWorks 中新建一个 Motion 分析的运动算例，使用算例本地的配合添加约束，将大平衡块和主轴之间、小平衡块和联轴器之间运用刚性组约束，使其成为一个整体，并用点-线或点-面约束来代替转子与轴、轴与轴承的面与面的重合约束，尽量使运动算例中配合的冗余约束减少到零。接下来在 SolidWorks Simulation 中的转子上添加一个转动马达来模拟电动机的驱动载荷，将马达的类型设为等速，转速设置为 5000r/min；Motion 中仿真分析的时间设为 1s；为保证该机构在运动仿真中有足够的采样精度进行结果曲线的输出，将运动算例属性中 Motion 分析的每秒帧数设置为 150。设置合理的参数将会使 Motion 分析得到的结果图解曲线更加易于分析和观察。

在 Motion 分析计算中，根据计算机的配置不同，计算的时间可能长短不一。计算结束后，选取转子在转动过程中对轴起支撑作用的轴承进行受力分析。提取两端轴承基准点与基准轴重合装配关系的 Y 向反作用力作为输出项，如图 4-13 所示，得到的结果图解曲线如图 4-14 所示。

图 4-13 结果输出项

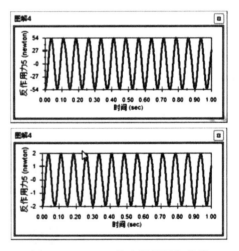

图 4-14 Motion 仿真结果图解曲线

根据图 4-14 的结果图解曲线，可以得到轴承两端不平衡反作用力分别为 54N 和 2N，该数值没有达到预期的设计要求，需要对设计尺寸进行修改，之后再进 Motion 仿真分析，直到所得仿真结果符合设计要求。

SolidWorks 除了利用 Motion 模块来进行动平衡设计分析，还可以利用二次开发功能建立适合用户需求的、专用的动平衡设计功能模块。SolidWorks 是一套基于 Windows 的 CAD/CAE/CAM/PDM 桌面集成系统，支持 OLE（对象的链接与嵌入）和 COM（组件的对象模型）的编程语言都可以作为 SolidWorks 的二次开发工具。例如用 Visual Basic 对 SolidWorks 进行二次开发后，可编写程序自动读入模型的质量特性数据，使计算更加简洁，减少了计算工作量，提高了工程设计人员的工作效率，从而缩短对该产品的设计周期。

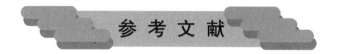

[1] 巴德纯, 李树军. 涡旋式无油真空泵动力学研究[J]. 真空, 1998(4): 12-16.

[2] 李克. 无油涡旋真空泵动平衡的计算机优化与分析[D]. 沈阳: 东北大学, 2012.

[3] 丛培田, 曹松松, 张振厚, 等. 干式涡旋真空泵的动平衡工艺与振动品质研究[J]. 真空科学与技术学报, 2016, 36(6): 613-617.

[4] 吴建华, 束鹏程. 涡旋压缩机的动力分析[J]. 制冷学报, 1995(4): 1-8.

[5] 屈宗长, 樊灵, 王迪生. 通用型线涡旋压缩机的几何理论[J]. 西安交通大学学报, 1999, 33(11):39-42.

[6] 彭军. SOLIDWORKS Motion 在动平衡设计仿真中的应用[J]. 智能制造, 2016(2):68-70.

[7] 刘振全, 李海生, 陈英华, 等. SolidWorks 在涡旋压缩机动平衡计算中的应用[J]. 流体机械, 2005, 33(2): 39-41.

[8] 王孝磊, 朱峰, 白文超. 基于 SolidWorks Motion 的曲轴动平衡仿真[J]. 压缩机技术, 2018(5): 55-57,61.

[9] 汤海武. 基于 SOLIDWORKS 的动平衡设计仿真与优化[J]. 天津职业大学学报, 2016(4): 94-96.

第 **5** 章

涡旋真空泵的热力过程和传热

5.1 涡旋真空泵的热力过程

涡旋真空泵在工作时由一系列月牙形工作腔组成，考虑工作腔之间的泄漏与传热，对工作腔使用控制体积法，根据热力学第一定律和质量守恒定律，分析涡旋真空泵工作过程中气体的压缩过程，以任意工作腔内气体为控制容积，如图 5-1 所示。

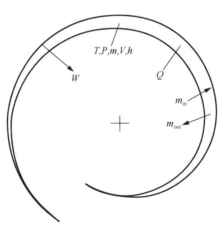

图 5-1 月牙腔控制体

　　涡旋真空泵工作过程中气体的压缩过程可以看成考虑工质泄漏的变质量过程。过程中控制体内的状态随时间变化而变化，开口界面上工质的质量流动率也随时间发生变化。虽然系统处于不稳定流动状态，但是控制体内的参数在任一瞬间保持均匀[1]。此时，控制体的能量守恒方程为

$$\frac{\mathrm{d}Q}{\mathrm{d}t} = \frac{\mathrm{d}E}{\mathrm{d}t} + \left(h + \frac{C^2}{2} + gZ\right)_{\mathrm{out}} \frac{\mathrm{d}m_{\mathrm{out}}}{\mathrm{d}t} - \left(h + \frac{C^2}{2} + gZ\right)_{\mathrm{in}} \frac{\mathrm{d}m_{\mathrm{in}}}{\mathrm{d}t} + \frac{\mathrm{d}W}{\mathrm{d}t} \quad （5\text{-}1）$$

式中，Q 为热量；E 为系统总能量；h 为比焓；C 为流体流速；W 为功；m_{out} 为流出控制体的质量；m_{in} 为流入控制体的质量；g 为重力加速度；Z 为位置的参数。

　　控制体内质量守恒方程为

$$\frac{\mathrm{d}m}{\mathrm{d}t} = \frac{\mathrm{d}m_{\mathrm{in}}}{\mathrm{d}t} - \frac{\mathrm{d}m_{\mathrm{out}}}{\mathrm{d}t} \quad （5\text{-}2）$$

　　假设控制体内工质为理想气体，并且忽略气体的动能与势能变化，式（5-1）可写为

$$\frac{\mathrm{d}Q}{\mathrm{d}t} - \frac{mRT}{V} \frac{\mathrm{d}V}{\mathrm{d}t} + c_p T_{\mathrm{in}} \frac{\mathrm{d}m_{\mathrm{in}}}{\mathrm{d}t} - c_p T_{\mathrm{out}} \frac{\mathrm{d}m_{\mathrm{out}}}{\mathrm{d}t} = mc_v \frac{\mathrm{d}T}{\mathrm{d}t} + c_v T \left(\frac{\mathrm{d}m_{\mathrm{in}}}{\mathrm{d}t} - \frac{\mathrm{d}m_{\mathrm{out}}}{\mathrm{d}t}\right) \quad （5\text{-}3）$$

式中，c_p 为定压比热容；c_v 为定容比热容；R 为气体常数；T 为温度；T_{out} 为流出控制体的温度；T_{in} 为流入控制体的温度；V 为体积。

　　如忽略泄漏，式（5-1）可简化为[2]

$$\frac{\mathrm{d}Q}{\mathrm{d}t} - \frac{\mathrm{d}W}{\mathrm{d}t} = mc_v \frac{\mathrm{d}T}{\mathrm{d}t} \quad （5\text{-}4）$$

即多变过程

$$PV^n = C \quad （5\text{-}5）$$

式中，多变指数 $n = 1 - \dfrac{R}{c_v}\left(\dfrac{\mathrm{d}Q}{\mathrm{d}W} - 1\right)$；$P$ 为压力。

　　当被抽气体的物性与理想气体的特性偏离较远时，上述热力学过程应按非理想气体处理。关于非理想气体的状态方程在热力学中有很多，使用时应按照气体分子偶极矩的大小判断流体类型，并依据工作状态选择适用的实际气体状态方程。具体实际气体状态方程可参考《高等工程热力学》[1]，与气体物性相关的系数或常数可以查阅相应气体物性表。

5.2 涡旋真空泵的泄漏模型

5.2.1 泄漏通道

在涡旋真空泵中，我们假设从吸气口到排气口的气流通道内的气体流态为稳定流动，且其气流温度恒定不变[3]。图 5-2 展示的涡旋真空泵气流通道为矩形截面，密封部位包括径向间隙、轴向间隙。

由于两压缩腔间的气流交换主要由密封部位决定，而如果将密封部位看成一个以最小径向间隙为宽度的矩形截面通道，那么间隙泄漏流率就主要由密封部位的两端压力起决定作用，而这密封部分两端的压力可以通过压缩腔内的压力分布来获得。

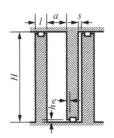

图 5-2　气流通道截面图

压缩腔中的压力分布可以通过压缩腔两端的密封部位的间隙泄漏流率来计算。

本节关于泄漏的分析与计算中，并没有考虑平面度、垂直度等形位公差对泄漏通道流通面积及流量系数的影响。对实际的压缩腔来说，由于加工、装配精度等影响，各压缩腔的轴向间隙和径向间隙并非均匀值，而且随主轴转角变化而变化。考虑到涡旋体加工中对形位公差的高精度要求，模拟计算各压缩腔中的气体的泄漏量时，仍按均匀间隙计算，这样的计算结果是满足工程计算精度要求的[3]。

5.2.2 密封部位的径向泄漏质量流率

密封部分的径向泄漏质量流率 Q_r 包括两种情况：由密封部分两端压差引起的泄漏质量流率 Q_p 和由动静涡旋体体壁的相对运动引起的泄漏质量流率 Q_w。也就是说径向泄漏质量流率 $Q_r = Q_p + Q_w$。下面分别对这两种情况进行讨论。

1. 由密封部分两端压差引起的泄漏质量流率

由于压力的变化，在抽气过程中和在气流通道中的气体流态是很容易发生变化的，其流态可以从黏滞流、层流过渡到分子流，因此，有必要建立一个统一的气体流动方程以适应各种流态。下面先分别介绍分子流和黏滞流，然后再将它们统一起来。另外，下面的各个变量如果在没有特殊说明的情况下均以国际单位为准。

首先，考虑分子流质量流率方程。由克努森（M. Kundsen）公式推导可以得出矩形截面的长管质量流率（mass flow rate）为[4]

$$Q_m = -\frac{8}{3\sqrt{\pi}v_m}\frac{H^2 s^2}{(H+s)f}\frac{\mathrm{d}P}{\mathrm{d}x} \qquad (5\text{-}6)$$

式中，v_m 为最可几速率（m/s），

$$v_m = \sqrt{\frac{2kT}{m}} = \sqrt{\frac{2RT}{u}}$$

f 为动量适应系数，其取值在 $0 \sim 1$，可以通过逼近法确定；H、s 为矩形通道的高和宽（m）；$\mathrm{d}P/\mathrm{d}x$ 为沿管道方向的压力变化。

将涡旋体展开成一直线，同时该直线作为 X 轴，取涡旋体的起点为原点，那么对于其上的点坐标 x，有 $\mathrm{d}x = R_g \varphi \mathrm{d}\varphi$（其中 φ 为静涡旋体的展开位角，R_g 为基圆半径），则式（5-6）转变为

$$Q_m = -\frac{8}{3\sqrt{\pi}v_m}\frac{H^2 s^2}{(H+s)fR_g\varphi}\frac{\mathrm{d}P}{\mathrm{d}\varphi} \qquad (5\text{-}7)$$

对于滑移流范围的气流，可以使用二维纳维-斯托克斯（Navier-Stokes，N-S）方程和滑移流边界条件来计算，其质量流率方程可以表示为[4]

$$Q_s = -\frac{Hs^2}{12\mu}\rho\frac{\mathrm{d}P}{\mathrm{d}x} - \frac{Hs^2}{2\mu}\rho\lambda\left(\frac{2}{f}-1\right)\frac{\mathrm{d}P}{\mathrm{d}x} \qquad (5\text{-}8)$$

根据上面的推导 $\mathrm{d}x = R_g \varphi \mathrm{d}\varphi$ 同样可以得出下式：

$$Q_s = -\frac{Hs^2}{12\mu R_g\varphi}\rho\frac{\mathrm{d}P}{\mathrm{d}\varphi} - \frac{Hs^2}{2\mu R_g\varphi}\rho\lambda\left(\frac{2}{f}-1\right)\frac{\mathrm{d}P}{\mathrm{d}\varphi} \qquad (5\text{-}9)$$

式中，μ 为气体黏滞系数（N·s/m²）。在各种压力下的黏滞系数不同，但其数量级变化不是很大，所以工程计算中可以近似预取为某一状态下的值，也可以通过实验，得到待抽气体在各种压力或温度情况下的黏滞系数作为计算的备查，可以提高计算的准确程度。ρ 为气体的密度。在标准状态（气压为 1.01×10^5Pa，温度为 273K）下，1mol 气体为 22.4L，假设摩尔质量 u 的单位为 g/mol，则在此状态下的气体密度 $\rho_0 = u/22.4$ (kg/m³)，当气体假定为理想气体时，气体状态方程 PV/T 为衡量，则在温度 T、压力 P_0 下的气体密度为

$$\rho_0 = \frac{u}{22.4} \times \frac{273P_0}{1.01 \times 10^5 T}$$

于是在温度为 T、压力为 P 的情况下气体的密度为

$$\rho = \frac{P}{P_0}\rho_0 \tag{5-10}$$

λ 为平均自由程。关于平均自由程的计算，可先根据 $\overline{\lambda_0} = \dfrac{kT_0}{\sqrt{2}\pi\sigma^2 P_0}$ 计算气体在气压 P_0、温度 T_0 下的平均自由程，再计算温度不变、压力为 P 时的平均自由程 $\overline{\lambda} = P_0\lambda_0/P$。

另外，如果被抽气体为混合气体，则其中成分 1 的分子平均自由程为

$$\overline{\lambda_1} = \frac{1}{\pi\sum\limits_{i=1}^{K}\sqrt{1+\dfrac{m_1}{m_i}}\left(\dfrac{\sigma_1+\sigma_i}{2}\right)^2 n_i} \tag{5-11}$$

式中，$\overline{\lambda_1}$ 为成分 1 的分子在混合气体中的平均自由程；m_1 和 m_i 为第 1 种和第 i 种气体分子质量；σ_1 和 σ_i 为第 1 种和第 i 种气体分子直径；n_i 为第 i 种气体分子数密度。

按照式（5-11）计算出各种分子的平均自由程 $\overline{\lambda_i}$ 后，混合气体分子的平均自由程 $\overline{\lambda}$ 为

$$\overline{\lambda} = \frac{1}{\sum\limits_{i=1}^{K}\dfrac{1}{\lambda_i}} \tag{5-12}$$

用类似 Brown 和 John 的方法，将上述两种质量流率方程统一起来[4]。使用加权系数将上面的两个方程式（5-6）[或者式（5-7）]和式（5-8）[或者式（5-9）]

结合起来表达气流质量流率 Q_p，如方程（5-13）所示。加权系数 γ 表示自由分子流占所有分子数的比例，即在压力为零时，$\gamma=1$，压力无限大时 $\gamma=0$。

$$Q_p = \gamma Q_m + (1-\gamma)Q_s \qquad (5\text{-}13)$$

式中，$\gamma = \mathrm{e}^{-\pi s/1.488\lambda}$。

2. 由相对运动引起的泄漏质量流率

由于间隙密封部位按动涡旋体的公转速度而移动，而气体和静涡旋体有一种保持相对静止的趋势，于是气体呈现出一种相对于间隙密封部位运动方向相反的等速率运动，即有一股气体从间隙密封部位以动涡旋体的旋转速率向外溢出的现象。

假设动涡旋体的转动角速度为 ω，定子在密封处的展开角为 φ，基圆半径为 R_g，那么由动静涡旋体的相对运动造成的泄漏质量流率为

$$Q_w = \rho HsU \qquad (5\text{-}14)$$

式中，U 表示相对运动速率大小，$U \approx R_g \varphi \omega$。

对以上公式经过统一整理就可以得到径向泄漏质量流率表达式：

$$Q_r = -\frac{8}{3\sqrt{\pi}v_m} \frac{H^2s^2}{(H+s)f} \frac{\mathrm{d}P}{\mathrm{d}x} \mathrm{e}^{\frac{\pi s}{1.488\lambda}}$$
$$-\left[\frac{Hs^2}{12\mu}\rho\frac{\mathrm{d}P}{\mathrm{d}x} + \frac{Hs^2}{2\mu}\rho\lambda\left(\frac{2}{f}-1\right)\frac{\mathrm{d}P}{\mathrm{d}x}\right] \times \left(1-\mathrm{e}^{\frac{\pi s}{1.488\lambda}}\right) + \rho HsU \qquad (5\text{-}15)$$

对式（5-15）进行弧向化即可得到式（5-16）。

$$Q_r = \rho HsU - \frac{8}{3\sqrt{\pi}v_m} \frac{H^2s^2}{(H+s)fR_g\varphi} \frac{\mathrm{d}P}{\mathrm{d}\varphi} \mathrm{e}^{\frac{\pi s}{1.488\lambda}}$$
$$-\left[\frac{Hs^2}{12\mu R_g\varphi}\rho\frac{\mathrm{d}P}{\mathrm{d}\varphi} + \frac{Hs^2}{2\mu R_g\varphi}\rho\lambda\left(\frac{2}{f}-1\right)\frac{\mathrm{d}P}{\mathrm{d}\varphi}\right] \times \left(1-\mathrm{e}^{\frac{\pi s}{1.488\lambda}}\right) \qquad (5\text{-}16)$$

5.2.3　密封部分的轴向泄漏质量流率

轴向间隙的泄漏质量流率与径向间隙的泄漏质量流率的计算方法基本一致，在此就不加以详细说明，其轴向间隙的泄漏质量流率表达式如式（5-17）和式（5-18），其中式（5-17）是直线化的表达式，而式（5-18）是弧向化的表达式。

$$Q_r = \rho e h U - \frac{16}{3\sqrt{\pi}v_m} \frac{e^2 h^2}{(e+s)f} \frac{dP}{dx} e^{-\frac{\pi h}{1.488\lambda}}$$

$$- \left[\frac{eh^2}{6\mu} \rho \frac{dP}{dx} + \frac{eh^2}{\mu} \rho \lambda \left(\frac{2}{f} - 1 \right) \frac{dP}{dx} \right] \times \left(1 - e^{-\frac{\pi h}{1.488\lambda}} \right) \qquad (5\text{-}17)$$

$$Q_r = \rho e h U - \frac{16}{3\sqrt{\pi}v_m} \frac{e^2 h^2}{(e+h)fR_g\varphi} \frac{dP}{d\varphi} e^{-\frac{\pi h}{1.488\lambda}}$$

$$- \left[\frac{eh^2}{6\mu R_g\varphi} \rho \frac{dP}{d\varphi} + \frac{eh^2}{\mu R_g\varphi} \rho \lambda \left(\frac{2}{f} - 1 \right) \frac{dP}{d\varphi} \right] \times \left(1 - e^{-\frac{\pi h}{1.488\lambda}} \right) \qquad (5\text{-}18)$$

其中的参变量含义与前述相同，只是 e、h 分别表示如图 5-2 所示的长度。

5.3 过压缩与欠压缩

涡旋真空泵的工作压力范围从 1atm（101325Pa）直到几帕甚至更低，整个抽气过程中泵入口处的压力变化覆盖 5~6 个数量级。由于涡旋真空泵属于容积式真空泵的一种，它的理论压缩比是一个与设计型线相关的定值，但实际工作过程中泵入口压力不断降低，泵的实际压缩比随吸气压力的降低而逐渐增大。根据理论压缩比与排气压力（一个大气压）可以求出正常压缩时的入口压力 P_i。

涡旋真空泵整个工作过程中不同工作状态下的示功图如图 5-3 所示。

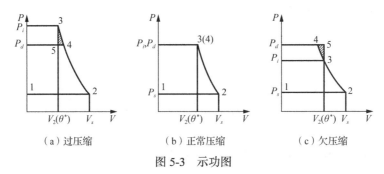

（a）过压缩　　　　　（b）正常压缩　　　　　（c）欠压缩

图 5-3　示功图

涡旋真空泵工作初期，当吸入压力高于 P_i 时，泵的压缩终了压力高于排气压力，属于"过压缩"过程。随着泵继续运转，泵入口压力逐渐降低，泵的"过压缩"状态逐渐改善。当入口压力降至 P_i 时，泵的压缩压力与排气压力基本一致，属于比较理想的压缩过程。当泵的入口压力继续降低，这时泵本身的压缩能力已不足以将被抽气体压缩至排气压力，泵的压缩压力低于排气压力，泵的工作状态也从正常压缩转变为"欠压缩"状态。当泵处于"欠压缩"状态下，其中心工作腔与排气口相通时，排气口处的高压气体会返流到工作腔中，致使工作腔内的压力迅速升高，达到排气压力，实现排气过程。此时涡旋真空泵的压缩过程既包括泵腔容积变化产生的内压缩过程，也包括由于高压气体返流所产生的外压缩过程。

就降低附加功率损失而言，应使泵的入口压力维持在 P_i 附近，但由于涡旋真空泵的使用条件，这实际上是做不到的。

如图 5-3（a）所示，过压缩状态下的功率损失相当于曲边三角形 345 围成的面积，可以使用式（5-19a）计算；如图 5-3（c）所示，欠压缩状态下的功率损失可以使用式（5-19b）计算[5-6]。

$$P = \frac{n}{60}\left[\int_{P_d}^{P_i} V \mathrm{d}p - V_i\left(P_i - P_d\right)\right] \tag{5-19a}$$

$$P = \frac{n}{60}\left[V_i\left(P_d - P_i\right) - \int_{P_d}^{P_i} V \mathrm{d}P\right] \tag{5-19b}$$

式中，n 为主轴转速；V_i 为内压缩终了时的气体容积；V 为正常压缩过程气体的瞬时容积。

无论出现哪一种非正常压缩过程，都将引起功率损失的增加。实际设计中可以采用在泵腔中开设一组或几组辅助排气阀的方式改善泵的过压缩现象。

5.4　涡旋真空泵的传热

涡旋真空泵的工作过程存在着换热现象，不论是吸排气过程、各压缩腔之间还是机壳内均如此。

但是，由于普通换热模型较难反映实际现象，换热量计算比较复杂，换热系数的选取或计算难以保证十分准确，同时工程计算中常常认为泵主轴转速较高，气体在工作腔中停留时间较短，与外界进行热交换不够充分。同时，不同于涡旋压缩机，涡旋真空泵的入口压力在较宽的范围内发生变化，伴随着泵入口处压力的逐渐降低，泵吸气口处的流态会由滑移流转向过渡流最终甚至会转变为分子流。不论是不同状态下气体间的导热，还是被抽气体与泵体间的对流换热，都受气体状态的影响，伴随着气体的逐渐稀薄它的热交换能力也逐渐下降。当流态进入分子流范围内后，气体与外界的热交换基本可以忽略。因此，涡旋真空泵的工作过程，特别是压缩过程，通常可以视为绝热过程。此外，从高压腔向低压腔的泄漏、返流过程，不仅进行质量交换，同时伴随着热量交换。

因此，对涡旋真空泵的工作过程进行数值模拟时，应根据具体情况来分析计算传热问题。下面介绍一些常见的传热模型。

5.4.1 吸气过程换热

吸气过程中的热交换直接影响泵的实际吸气量与排气温度。吸气过程中的热交换主要由两部分组成：泄漏、返流所传递的热量，被抽气体与泵体壁面的换热量。

1. 泄漏、返流传热量

来自第 n 个和 $n-1$ 个工作腔的泄漏气体所带来的热量为

$$\frac{\mathrm{d}Q_{os}}{\mathrm{d}\theta} = \frac{\mathrm{d}m}{\mathrm{d}\theta} h_i(\theta)$$ （5-20）

式中，$\mathrm{d}Q_{os}/\mathrm{d}\theta$ 为因泄漏向吸气过程中传递的热量随主轴转角的变化率；$\mathrm{d}m/\mathrm{d}\theta$ 为泄漏气体的质量流率；$h_i(\theta)$ 为泄漏气体的比焓。

2. 通过泵体壁面的换热量

涡旋式真空泵的吸气过程可以近似看成一个连续过程，在此过程中，被抽气体与泵壁进行热交换。吸气容积随主轴转角逐渐扩大，吸气容积的周边面积可由下式计算[6]：

$$A_s = \begin{cases} 2\pi P^2(\theta-\theta_s)/\pi + hP(\theta-\theta_s), & \theta_s \leq \theta \leq 2\pi \\ 2\pi P^2(2N-1-\theta_s/\pi) - 2\pi P^2(\theta_s-\theta)/\pi + hP(2N\pi-\theta_s) - hP(\theta_s-\theta), & 0 \leq \theta \leq \theta_s \end{cases}$$ （5-21）

式中，θ_s 为吸气结束角；N 为压缩腔数；P 为圆渐开线节距；h 为圆渐开线涡旋体高度。

将吸气过程换热近似为管内对流换热，并满足迪特斯-波尔特（Dittus-Boelter）方程式[7]：

$$Nu = 0.023Re^{0.8}Pr^{2/5}$$ （5-22）

式中，Re 为雷诺数，$Re = d_e u \rho / \mu$；Pr 为普朗特数，$Pr = \mu c_p / \lambda$；Nu 为努塞特数，$Nu = \alpha d_e / \lambda$。其中 d_e 为当量直径（m）；α 为对流换热系数；λ 为热导率；　μ 为流体的动力黏度；c_p 为定压比热容；u 为吸气口处气体流速；ρ 为气体密度。

求式（5-22）中的 Nu 时所用到的流体物性均在流体平均温度下取值。可通过 $\alpha = Nu\lambda / d_e$ 计算对流换热系数 α。

于是，吸气过程中通过壁面传递给气体的热量为

$$\frac{\mathrm{d}Q_{bs}}{\mathrm{d}\theta} = A_s \alpha \frac{\mathrm{d}T}{\mathrm{d}\theta} \qquad （5\text{-}23）$$

式中，$\mathrm{d}Q_{bs} / \mathrm{d}\theta$ 为通过壁面传递给气体的热量随主轴转角的变化率；$\mathrm{d}T / \mathrm{d}\theta$ 为壁面温度与主流体温度之间的平均温差随主轴转角的变化率；A_s 为吸气过程的壁面面积。

综上，吸气过程中的热交换量是泄漏气体传热和通过壁面的传热量之和，即

$$\frac{\mathrm{d}Q_s}{\mathrm{d}\theta} = \frac{\mathrm{d}m}{\mathrm{d}\theta} h_i(\theta) + A_s \alpha \frac{\mathrm{d}T}{\mathrm{d}\theta} \qquad （5\text{-}24）$$

5.4.2　工作腔之间的换热

对涡旋式压缩机的 N 个压缩腔中的第 i 个工作腔来说，不仅接受从第 $i-1$ 个工作腔中泄漏的气体带来的热量，而且通过向第 $i+1$ 个工作腔泄漏气体而带走热量，同时，还与四周泵体进行换热。

1. 泄漏、返流传热量

来自第 n 个和 $n-1$ 个工作腔的泄漏气体所带来的热量为

$$\frac{\mathrm{d}Q_{li}}{\mathrm{d}\theta} = \frac{\mathrm{d}m_{i-1}}{\mathrm{d}\theta} h_{i-1}(\theta) - \frac{\mathrm{d}m_i}{\mathrm{d}\theta} h_i(\theta) \qquad （5\text{-}25）$$

式中，$\mathrm{d}m_{i-1} / \mathrm{d}\theta$ 为第 $i-1$ 个工作腔泄漏至第 i 个工作腔的气体质量随主轴转角的变化率；$\mathrm{d}m_i / \mathrm{d}\theta$ 为第 i 个工作腔泄漏至第 $i+1$ 个工作腔的气体质量随主轴转角的变化率；$h_i(\theta)$ 为第 i 个工作腔中泄漏气体的比焓。

2. 通过工作腔泵壁的换热量

被抽气体在工作腔内会通过形成工作腔的壁面与其他工作腔进行换热。

第 i 个压缩腔通过壁面的换热量为

$$\frac{\mathrm{d}Q_{bi}}{\mathrm{d}\theta} = A_{bi} \frac{\mathrm{d}T_i}{\mathrm{d}\theta} \frac{\lambda Nu}{L_i} \qquad (5\text{-}26)$$

式中，$\mathrm{d}T_i/\mathrm{d}\theta$ 为第 i 个工作腔壁面温度与主流体温度之间的平均温差随主轴转角的变化率；λ 为流体的热导率；A_{bi} 为第 i 个工作腔壁面面积，$A_{bi} = 2\pi P^2 (2i - 1 - \theta/\pi) + P(2i\pi - \theta)h$；$L_i$ 为第 i 个工作腔的轴向间隙泄漏线长度。

综上，第 i 个压缩腔的换热量为

$$\frac{\mathrm{d}Q_i}{\mathrm{d}\theta} = \frac{\mathrm{d}Q_{li}}{\mathrm{d}\theta} + \frac{\mathrm{d}Q_{bi}}{\mathrm{d}\theta} \qquad (5\text{-}27)$$

5.4.3　机壳内气体的换热

对于电动机封闭在机壳内的涡旋真空泵，除上述换热量以外，还受到全封闭电动机散热量的影响，故对于此类结构需考虑电动机散热对吸入气体温度升高的影响。

当涡旋真空泵工况稳定后，电动机的散热量与气体的吸热量应相等。电动机的散热量由下式计算：

$$\frac{\mathrm{d}Q_m}{\mathrm{d}\theta} = \frac{1}{\omega} P_{\mathrm{in}} (1 - \eta) \qquad (5\text{-}28)$$

式中，P_{in} 为电动机输入功率；ω 为角速度；η 为电动机效率，一般情况下取 0.8~0.9。

电动机散热造成吸入气体的温升为

$$\Delta T_s = \frac{P_{\mathrm{in}} (1 - \eta)}{c_{\mathrm{ps}} q_m} \qquad (5\text{-}29)$$

式中，c_{ps} 为吸入气体的定压比热容；q_m 为吸入气体的质量流量。

5.5　机　械　摩　擦

轴承、密封条与涡旋盘底平面等接触并发生相对滑动的部位，均会产生摩擦损失。

由于涡旋真空泵齿侧采用间隙密封，所以动涡旋盘、静涡旋盘之间无摩擦损失。

1. 轴承的摩擦损失

动涡旋盘与主轴间主要选用深沟球轴承或角接触轴承，动涡旋盘与防自转曲轴处主要选用滚针轴承。不考虑曲轴与轴承内圈和动涡旋盘与轴承外圈间的摩擦损失，摩擦损失主要集中于滚动轴承的摩擦副中，表 5-1 给出了相应的摩擦系数。

表 5-1　摩擦副的摩擦系数

名称		摩擦系数 f
深沟球轴承	径向载荷	0.002
	轴向载荷	0.004
角接触球轴承	径向载荷	0.003
	轴向载荷	0.005
滚针轴承		0.008

也可以依据机械传动效率计算摩擦损失（表 5-2）。

表 5-2　摩擦副的机械传动效率

名称		机械传动效率
一对滚动轴承	球轴承	0.99
	滚子轴承	0.98

2. 密封条产生的摩擦损失

在轴向密封力作用下，密封轴向间隙的密封条紧靠动涡旋盘、静涡旋盘的涡旋体底平面并产生相对滑动摩擦，密封条上任一点的运动轨迹都是一个以主轴偏心距 R_{or} 为半径的圆，所以密封条产生的摩擦损失为

$$P_f = 2\omega R_{or}\mu_f \frac{1}{2\pi}\int_0^{2\pi}\sum_{i=1}^{N}F_{tsi}(\theta)\mathrm{d}\theta \tag{5-30}$$

式中，μ_f 为密封条端平面与涡旋体底平面之间的滑动摩擦系数，一般取 0.05～0.1，对于滑动表面粗糙度较低的摩擦面，摩擦系数取较小值；$F_{tsi}(\theta)$ 为在主轴转角为 θ 时，第 i 个压缩腔中密封条上承受的轴向密封力；N 为压缩腔数。

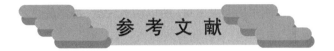

参 考 文 献

[1] 曹建明, 李根宝. 高等工程热力学[M]. 北京: 北京大学出版社, 2010.

[2] 刘振全. 涡旋式流体机械与涡旋压缩机[M]. 北京: 机械工业出版社, 2009.

[3] 王友亮. 涡旋无油真空泵抽气过程的计算机模拟[D]. 沈阳: 东北大学, 2003.

[4] Su Y, SaWada T, Kamada S, et al. Theoretical study on the pumping mechanism of a dry scroll vacuum pump[J]. Vacuum, 1996, 47(6): 815-820.

[5] 陈黝, 吴味隆. 热工学[M]. 北京: 高等教育出版社, 2004.

[6] 李连生. 涡旋压缩机[M]. 北京: 机械工业出版社,1998.

[7] 杨世铭, 陶文铨. 传热学[M]. 北京: 高等教育出版社, 2006.

第 6 章

涡旋真空泵主要性能参数

6.1 涡旋真空泵的间隙大小

涡旋真空泵的间隙包括径向间隙和轴向间隙。轴向间隙的大小主要受设计、加工和装配各个阶段的精度影响，相对容易控制。而理论径向间隙，如图 6-1 所示，可由式（6-1）计算得到，即

$$\Delta = \pi \times R_g - 2 \times \alpha \times R_g - R_{or} \qquad (6-1)$$

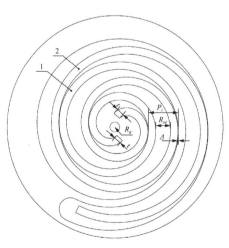

1-静涡旋盘；2-动涡旋盘

图 6-1　涡旋真空泵径向间隙示意图

6.2　涡旋真空泵的抽气速率

涡旋真空泵的抽气性能主要由其理论抽气速率 S_{th} 反映，理论抽气速率又称为几何抽气速率，主要由工作腔的几何尺寸和主轴转速决定。已知主轴转速为 n，理论抽气速率 S_{th} 可用式（6-2）计算：

$$S_{th} = (V_{i1} + V_{o1})n \qquad (6\text{-}2)$$

式中，V_{i1} 和 V_{o1} 为定子、转子形成的最外侧完整的内工作腔和外工作腔的最大容积，如果采用双侧吸气设计，内工作腔和外工作腔的最大容积相等。

由于涡旋真空泵存在轴向和径向泄漏，所以实际抽气速率 S 要比理论抽气速率 S_{th} 小，设泵的总泄漏量为 Q_t，P_1 为泵吸入压力，则

$$SP_1 = S_{th}P_1 - Q_t \qquad (6\text{-}3)$$

实际抽气速率 S 可用下式表示：

$$S = S_{th} - \frac{Q_t}{P_1} \qquad (6\text{-}4)$$

6.3　涡旋真空泵的极限压力

涡旋真空泵的极限压力是指将容器与真空泵相连，充入待测气体后，经过长时间的连续抽气，当容器内气体压力不再继续下降，维持在某一定值时泵入口处的压力即为其极限压力，用 P_0 表示，此时泵的实际抽气速率 S 为 0，令式（6-4）中 S 为 0，即可解得泵的极限压力：

$$P_0 = \frac{Q_t}{S_{th}} \qquad (6\text{-}5)$$

6.4　涡旋真空泵的功率

涡旋真空泵的功率分为压缩气体功率和克服摩擦的附加功率两部分[1]。

作为一种变容积式真空泵，涡旋干式真空泵在运转时不断重复吸气、压缩、排气三个阶段，气体压缩过程可以简化为多变过程。根据热工学可知，压缩气体功率（有效功率）可用示功图近似地求出，如图 6-2 所示。

有效功 A 为

$$A = \frac{k}{k-1}P_1V_1\left[\left(\frac{P_2}{P_1}\right)^{\frac{k-1}{k}}-1\right] \tag{6-6}$$

压缩气体功率为

$$W = P_1S_{\mathrm{th}}\frac{k}{k-1}\left[\left(\frac{P_2}{P_1}\right)^{\frac{k-1}{k}}-1\right] \tag{6-7}$$

式中，P_1 为泵吸气口压力（Pa）；P_2 为泵排气口压力（Pa）；k 为多变指数，$k=1.3\sim1.4$。

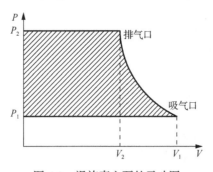

图 6-2　涡旋真空泵的示功图

根据 $\mathrm{d}W/\mathrm{d}p=0$ 可以求解出功率最大值 $W_{\max}$ 所对应的吸气压力 P 为

$$P = \frac{P_2}{k^{\frac{k}{k-1}}} \tag{6-8}$$

则最大功率 $W_{\max}$ 可以由下式表示:

$$W_{\max} = P_2 S_{\text{th}} k^{\frac{k}{k-1}} \times 10^{-3} \qquad (6\text{-}9)$$

在选择电动机时,除考虑上述泵在压缩过程中的功率外,还要考虑因摩擦、机械效率、过载等所消耗的额外功率。一般可按式(6-10)选择电动机功率

$$W_g = \frac{\varepsilon W_{\max}}{\eta_m \eta_p} \qquad (6\text{-}10)$$

式中,ε 为泵的过载系数,$\varepsilon = 1.2 \sim 1.4$;$\eta_m$ 为泵的机械效率,$\eta_m = 0.75 \sim 0.80$;η_p 为泵的传动效率,$\eta_p = 0.99 \sim 1$。

6.5 设计计算实例

6.5.1 主要参数

涡旋真空泵的参数计算过程中,主要设计参数如下所示[2]。

半展开角:$\alpha = 39.95°$。

主轴偏心距:$R_{\text{or}} = 5\text{mm}$。

额定转速:$n = 1400\text{r/min}$。

双侧压缩腔总高度:$H = 60\text{mm}$。

基圆半径:$R_g = 2.865\text{mm}$。

定子始端展开位角:$S_B = 612°$。

定子终端展开位角:$S_E = 2279°$。

转子终端展开位角:$S_B = 2339°$。

附加参数如下所示。

多变指数:$k = 1.35$。

泵的过载系数:$\varepsilon = 1.3$。

泵的机械效率:0.75。

泵的传动效率:0.99。

6.5.2 设计计算

1. 理论径向间隙

由式（6-1）可计算理论径向间隙：

$$\Delta = \pi \times R_g - 2 \times \alpha \times R_g - R_{or} = (\pi - 2 \times 39.95\pi \div 180) \times 2.865 - 5 = 5.369 \times 10^{-3} \text{mm}$$

在半展开角为 $\alpha = 39.95°$ 时，求得径向间隙为 $\Delta = 5.369 \times 10^{-3}$ mm。

2. 抽气速率

理论抽气速率 S_{th} 可用式（6-2）计算：

$$S_{th} = (V_{i1} + V_{o1})n = n \times H \times (S_{i1} + S_{o1}) = (1400/60) \times 60 \times 10^{-6} \times 6177.16 = 8.648 \text{L/s}$$

涡旋真空泵的理论抽气速率（几何抽气速率）为 $S_{th} = 8.648$ L/s。

3. 极限压力

在径向间隙为 5.369×10^{-3} mm 的条件下，可求得泵的总泄漏量 Q_t 为 0.02854 Pa·m^3/s。

泵的极限压力可通过式（6-5）求解：

$$P_0 = \frac{Q_t}{S_{th}} = \frac{0.02854}{8.648 \times 10^{-3}} \approx 3.3 \text{Pa}$$

泵的极限压力约为 3.3Pa。

4. 功率

根据式（6-8）求解出功率最大值 W_{max} 所对应的吸气压力 P 为

$$P = \frac{P_2}{k^{\frac{k}{k-1}}} = \frac{101325}{1.35^{\frac{1.35}{1.35-1}}} = 31842 \text{Pa}$$

将功率达到最大值所对应的吸入压力 $P=31842$Pa 代入式（6-9），可以求解最大功率 W_{max}：

$$W_{max} = P_2 S_{th} k^{\frac{k}{k-1}} \times 10^{-3} = 31842 \times 8.648 \times 1.35^{\frac{1.35}{1.35-1}} \times 10^{-3} = 876.26 \text{W}$$

泵在压缩过程中的最大功率为 876.26W，考虑因摩擦、机械效率、过载等所消耗的额外功率后，依据式（6-10）选择电动机功率。

$$W_g = \frac{\varepsilon W_{max}}{\eta_m \eta_p} = \frac{1.3 \times 876.26}{0.75 \times 0.99} = 1534.189 \text{W}$$

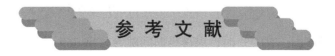

参 考 文 献

[1] 王友亮. 涡旋无油真空泵抽气过程的计算机模拟[D]. 沈阳: 东北大学, 2003.

[2] 许寿华. 双侧涡旋式无油真空泵抽气机理与结构研究[D]. 沈阳: 东北大学, 1998.

第 7 章

涡旋真空泵的噪声

噪声对人体的影响和危害是多方面的。概括起来，强烈的噪声可引起耳聋，诱发各种疾病，影响人们的休息和工作，干扰语言交流和通信，造成生产事故，降低生产效率，影响设备的正常工作甚至造成破坏[1]。

7.1 噪 声 评 价

在噪声的物理度量中，声压和声压级是评价噪声强度的常用量。声压级越高，噪声越强；声压级越低，噪声越弱。但人耳对噪声的感觉，不仅与噪声的声压级有关，还与噪声的频率、持续时间等因素有关。人耳对高频噪声较为敏感，对低频噪声反应较为迟钝。声压级虽然一样，但频率不同，听起来的感觉可能是不一样的。比如大型离心压缩机的噪声跟活塞压缩机的噪声相比，声压级都是 90dB，但由于前者是高频，后者是低频，听起来前者比后者要响得多。再比如声压级高于 120dB，频率高于 30kHz 的超声波，尽管声压级很高，但是人耳却听不到。为了反映噪声的这些因素对人主观的影响程度，就需要有一个针对噪声的评价指标[2]。

7.1.1 声压、声强和声功率

噪声是以声波的形式传播，声波会引起空气质点的振动，使大气产生压强的波动称为声压，即声场中单位面积上由声波引起的压力变化称为声压，用 P 来表示，单位是帕斯卡，简称帕，符号为 Pa。一般声音的强弱都用声压来表示。

正常人耳刚好能听到的声压值是 $2×10^{-5}$Pa，称为听阈声压；能让人耳产生疼痛感的声压是 20Pa，称为痛阈声压。

在声波中，人们通常研究瞬时间隔内的声压有效值，即随时间变化的声压的均方根值称为有效值。其数学表达式为

$$P = \sqrt{\frac{1}{T}\int_0^T p^2(t)\mathrm{d}t}$$ （7-1）

式中，$p(t)$ 为瞬时声压；t 为时间；T 为声波周期。

如果是正弦波，有效值就等于最大值除以 $\sqrt{2}$。

声波作为一种波的形式，实际是将能量向空间辐射出去，因此也可以用能量来表示它的强弱。在单位时间内，通过垂直声波传播方向的单位面积上的声能称为声强，用 I 表示，单位为 W/m^2。在自由场中，声压与声强有如下关系：

$$I = \frac{P^2}{\rho c}$$ （7-2）

式中，I 为声强（W/m^2）；P 为有效声压（Pa）；ρ 为空气密度（kg/m^3）；c 为空气中的声速（m/s）；ρc 为声阻抗率 $[\mathrm{kg/(m^2·s)}]$。

由式（7-2）可以看出，已知声压即可求声强。

声源在单位时间内辐射出的总能量称为声功率，一般用 W 表示，单位是瓦，符号 W，1W=1N·m/s。在自由场中，声波作球面辐射时，声功率与声强有如下关系：

$$I = \frac{W}{4\pi r^2}$$ （7-3）

式中，I 为距离声源 r 处的平均声强（W/m^2）；W 为声源辐射的声功率（W）；r 为与声源的距离（m）。

7.1.2 声压级、声强级和声功率级

从听阈声压 $2×10^{-5}$Pa 到痛阈声压 20Pa，声压绝对值相差近 100 万倍，因此用声压来表示声音的强弱很不方便。由于人耳对声音响度的感受是与对数成比例的，所以，人们采用了声压或能量的对数比来表示声音的大小，用"级"来衡量声压、

声强和声功率，分别称为声压级、声强级和声功率级[3]。

声压级定义为

$$L_P = 10 \lg \frac{P^2}{P_0^2} \text{ 或 } L_P = 20 \lg \frac{P}{P_0} \qquad (7\text{-}4)$$

式中，L_P 为声压级（dB）；P 为声压（Pa）；P_0 为基准声压，$P_0 = 2 \times 10^{-5}\,\text{Pa}$。

同理声强级定义为

$$L_I = 10 \lg \frac{I}{I_0} \qquad (7\text{-}5)$$

式中，L_I 为声强级（dB）；I 为声强（W/m²）；I_0 为基准声强，$I_0 = 10^{-12}\,\text{W/m}^2$。

在自由声场中，由式（7-2）可知，声功率级和声强级数值应该相等。声功率级定义为

$$L_W = 10 \lg \frac{W}{W_0} \qquad (7\text{-}6)$$

式中，L_W 为声功率级(dB)；W 为声功率(W)；W_0 为基准声功率(W)，$W_0 = 10^{-12}\,\text{W}$。

由式（7-4）～式（7-6）可以看出，声压级、声强级和声功率级的单位都是 dB（分贝），dB 是一个相对单位，没有量纲。

7.1.3　噪声频谱

1. 噪声分析的基本知识

有的声音听起来低沉，有的声音听起来尖锐，人们就说它们的音调不同，低沉的音调低，尖锐的音调高。音调是人耳对声音的主观感受。实验证明，音调高低主要是由声源振动频率决定的。在声音的传播过程中，振动的频率是不变的，所以声音的频率实际就是声源的振动频率。声音按照频率高低可以分为次声、可听声和超声。次声是指声音频率低于人耳可听范围的声波，即频率低于 20Hz；可听声是指人耳可以听到的声音，频率范围为 20～20000Hz；当声波频率高于人耳可听频率范围的极限时，人们察觉不到声波的存在，这种声波称为超声波。在噪声控制的研究中，主要是针对可听声波进行控制。通常低于 500Hz 以下的声音称为低频声，500～20000Hz 称为中频声，20000Hz 以上的称为高频声。一般来说噪声的频率不同，其传播特性不同，消声减噪的方法也不同。

2. 倍频程

可听声的频率范围从 20Hz 到 20000Hz，变化高达 1000 倍。为了研究方便，一般把宽广的声频范围划分为若干个较小的频段，称为频带或频程。在噪声测量中，最常用的就是倍频程和 1/3 倍频程。在一个频程中，上限截止频率与下限截止频率之比为

$$\frac{f_u}{f_I} = 2 \qquad (7\text{-}7)$$

式中，f_u 为上限截止频率（Hz）；f_I 为下限截止频率（Hz）。

式（7-7）称为一个倍频程。倍频程通常用其几何中心频率来表示：

$$f_c = \sqrt{f_u \cdot f_I} = \frac{\sqrt{2}}{2} f_u = \sqrt{2} f_I \qquad (7\text{-}8)$$

式中，f_c 为倍频程中心频率（Hz）。

当把倍频程分成三等份时，得到 1/3 倍频程，即上限频率 f_u 与下限频率 f_I 之比为

$$\frac{f_u}{f_I} = 2^{\frac{1}{3}} \qquad (7\text{-}9)$$

1/3 倍频程的几何中心频率为

$$f_c = \sqrt{f_u \cdot f_I} = \sqrt[6]{2} f_I = \frac{f_u}{\sqrt[6]{2}} \qquad (7\text{-}10)$$

1/3 倍频程将频率范围分得更细，可以更清楚地找出噪声峰值所在频率。由于人耳对中心频率为 31.5Hz 和 16000Hz 的两个频带声音不敏感，因此在实际噪声的控制工程中，通常只选用 63Hz～8000Hz 这 8 个倍频程。

3. 频谱分析

通常噪声的频率是很复杂的，为了详细地了解噪声成分分布范围和性质，通常将一个声源发出的噪声的声压级、声强级或声功率级按照频率顺序展开，使噪声的强度为频率的函数，分析其频谱形状，这就是频谱分析，也称为频率分析。频谱图频率（Hz）作为横坐标，声压级或声功率级（dB）作为纵坐标。

7.1.4　响度级和等响曲线

根据人耳的特性，人们模仿声压的概念，引出与频率有关的响度级，响度级单位是方（phon），就是选取以 1000Hz 的纯音为基准声音，取其噪声频率的纯音和 1000Hz 纯音相比较，调整噪声的声压级，使噪声听起来和基准纯音（1000Hz）一样响，该噪声的响度级就等于这个纯音的声压级（dB）。例如噪声听起来与声压级为 85dB、频率 1000Hz 的基准音一样响，该噪声响度级就是 85phon。响度级是表示声音响度的主观量，它把声压级和频率用一个单位统一起来。

利用与基准声音比较的方法，可测量出整个人耳可听范围的纯音的响度级，绘出响度级与声压级频率的关系曲线，该曲线为反映人耳对各声音敏感程度的等响曲线[4]。

等响曲线的横坐标为频率，纵坐标是声压级。如图 7-1 所示，每一条曲线相当于声压级和频率不同而响度相同的声音，即相当于一定响度（phon）的声音。最下面的曲线是听阈曲线，上面 120phon 的曲线是痛阈曲线，听阈曲线和痛阈曲线之间是正常人耳可以听到的全部声音。

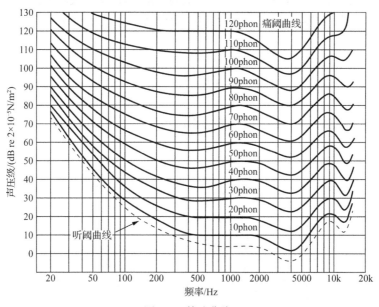

图 7-1　等响曲线

从等响曲线可以看出人耳对高频噪声敏感，对低频噪声不敏感，实验表明人耳对频率 1000Hz 噪声最敏感。

7.1.5 A 声级和等效连续 A 声级

用响度和响度级来反映人们对噪声的主观感受过于复杂，为了便于使声音与人耳听觉感受一致，人们普遍使用 A 声级和连续 A 声级对噪声做主观评价[5]。

1. A 声级

在噪声测试仪器中，利用模拟人的听觉的某些特性，对不同频率的声压级予以增减，以便直接读出主观反映人耳对噪声的感觉数值，这种通过频率计权的网络读出的声级称为计权声级。

计权网络有 A、B、C、D 四类。A 计权是模拟响度级 40phon 的等响曲线的倒置曲线，它对低频声（500Hz 以下）有较大的衰减。B 计权是模拟人耳 70phon 纯音的响应，它近似于响度级为 70phon 的等响曲线的倒置曲线，对低频段有一定的衰减。C 计权与模拟人耳对响度级为 100phon 的等响曲线倒置相接近，它对所有可听频率基本不衰减。D 计权是对高频声音做了补偿，主要是对航空噪声的评价。其中 A 计权最符合人耳听觉感受，即对高频敏感，低频不敏感，因此 A 计权是最常用的计权方式，本章噪声实验测试的结果采用 A 计权的方式。

A 声级可以直接测量，也可以由 1/3 倍频程声压级计算得到。A 声级计算公式如下：

$$L_A = 10 \lg \sum_{i=1}^{n} 10^{0.1(L_{p_i} + \Delta A_i)} \tag{7-11}$$

式中，L_A 为 A 声级（dB）；L_{p_i} 为第 i 个倍频程（dB）；ΔA_i 为第 i 个频率 A 计权网络衰减值（dB），见表 7-1。

表 7-1 A 计权频率响应特性的修正值

频率/Hz	A 计权	频率/Hz	A 计权
12.5	−63.4	400	−4.8
16	−56.7	500	−3.2
20	−50.5	630	−1.9
25	−44.7	800	−0.8
31.5	−39.4	1000	0
40	−34.6	1250	0.6
50	−30.5	1600	1.0

续表

频率/Hz	A 计权	频率/Hz	A 计权
63	−26.5	2000	1.2
80	−22.5	2500	1.3
100	−19.9	3150	1.2
125	−16.2	4000	1.0
160	−13.4	5000	0.5
200	−10.9	6300	−0.1
250	−8.6	8000	−1.1
315	−6.6	10000	−2.5

2. 等效连续 A 声级

对于稳态连续噪声的评价，用 A 声级就能够很好地反映人耳对噪声频率与强度的主观感受。但对于随时间变化的非稳态噪声就不适合了。为此引入等效连续声级的概念，其定义为：在声场中的某定点位置，取一段时间内能量平均的方法，将间歇暴露的几个不同的 A 声级噪声，用一个在相同时间内声能与之相等的、连续稳定的 A 声级来表示该段时间内噪声的大小，这种声级称为等效连续 A 声级。本章涉及的都是稳态过程，等效连续 A 声级就不再详细赘述。

7.2　主要噪声来源

涡旋真空泵的噪声来源有轴承噪声、电动机风扇噪声、泵内气体涡流噪声、涡旋盘振动噪声、排气流体噪声。轴承噪声主要是由于轴颈与轴瓦的配合间隙不合理造成的振动和摩擦噪声[6]。一般来说，滚动轴承噪声要比滑动轴承大。电动机风扇噪声是涡旋真空泵接近极限压力时的主要噪声，这时由于气体稀薄，流体噪声已经很小。泵内气体涡流噪声是由气体冲击器壁造成的，但由于涡旋真空泵的吸气腔较小，所以这部分噪声并不大。涡旋盘振动噪声是由动涡旋盘进行偏心运动引起的，这部分噪声可以由合理的配重减小。排气流体噪声属于气动噪声，是高压气体从排气装置冲击出来，在空气中产生的噪声。

7.3 噪声测试实验

涡旋真空泵是容积式真空泵的一种，工作时对气体有压缩作用，在气体被压缩的过程中会产生噪声[7]，同时在排气过程中气体向外喷出，也会产生噪声[8]。轴承配合会产生一些噪声，电动机转动也会有噪声。总体而言泵的噪声产生原因较为复杂，需要对各个频段的噪声大小进行分析，针对不同的频率、不同的发生原理采取不同的措施。

本节将针对两款不同的生产厂家具有相同抽气速率的两台涡旋真空泵进行噪声测试。其中一台涡旋真空泵本身自带消声器，因此该泵的测试又分为带消声器与不带消声器两种。测试实验按照国家标准《真空技术 真空泵噪声测量》（GB/T 21271—2007）来执行。

7.3.1 测试条件

测试环境要满足标准 GB/T 21271—2007 的要求：

（1）提供一个反射面上方自由场的实验室；

（2）测试环境除反射面外没有其他发射体，使声源能够向反射面上方的自由空间辐射或背景噪声小于 2dB；

（3）混响场对测量表面上声压的影响小于声源直达声场的房间。

条件（3）在空间非常大的房间一般能满足，如果房间比较小，但墙壁和天花板上有足够的吸声材料也可以满足。

根据以上要求，测试在半消声室（图 7-2）内进行。

可以对噪声测试结果进行两种处理：一种是经过快速傅里叶变换（fast Fourier transform，FFT）分析得到的 A 计权声压级；另外一种是经过常数百分比带宽（constant percentage bandwidth，CPB）处理的 1/3 倍频程 A 计权声压级。为了更好地了解不同频段泵的噪声情况，对噪声测量数据分别进行两次处理。

图 7-2 半消声室

7.3.2　测试位置

为了方便测量，首先把被测对象设为一个基准体，在基准体外侧假设一个各面与被测体距离为 d 的平行六面体。传感器位置在平行六面体的表面上，包络被测泵，各边平行于基准体的边，具体传感器位置如图 7-3 所示。由于位置 3 传感器在真空泵电动机后，主要测的是电动机噪声，因此舍弃位置 3，测量剩余 8 个位置的 A 计权声压级。

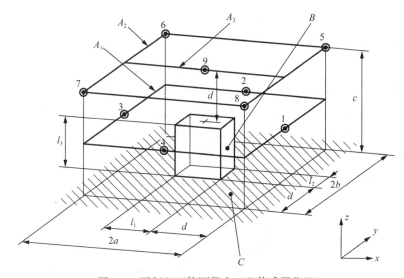

图 7-3　平行六面体测量表面和传感器位置

在测得每个点的 A 计权声压级后，根据公式（7-12）进行计算[9]：

$$\overline{L}'_{pA} = 10\lg\left[\frac{1}{N}\sum_{i=1}^{N}10^{0.1L'_{pA_i}}\right] \tag{7-12}$$

$$\overline{L}''_{pA} = 10\lg\left[\frac{1}{N}\sum_{i=1}^{N}10^{0.1L''_{pA_i}}\right] \tag{7-13}$$

式中，$\overline{L}'_{pA}$ 为被测泵工作时测量平均 A 计权声压级，单位为分贝（dB）；$\overline{L}''_{pA}$ 为测量位置背景噪声 A 计权声压级，单位为分贝（dB）；L'_{pA_i} 为在第 i 个传感器位置上测得的 A 计权声压级，单位为分贝（dB）；L''_{pA_i} 为在第 i 个传感器位置上测得的背景噪声 A 计权声压级，单位为分贝（dB）；N 为传感器位置数量。

如果 $\Delta L_A = \overline{L}'_{pA} - \overline{L}''_{pA} > 15\text{dB}$，则不需要修正，由于实验在半消声室内完成，

测试结果 $\Delta L_{\mathrm{A}} > 15\mathrm{dB}$，因此测试结果不需要修正。

7.3.3 测试结果分析

噪声测试针对规格相近、设计结构不同的两台涡旋真空泵进行，分别在入口压力为 100kPa、80kPa、60kPa、40kPa 和极限压力下工作，以测试噪声随入口压力变化而变化的情况。另外，对测试泵 A 在上述条件下进行了有无消声器的对比实验，以测试消声器的降噪效果。

1. 入口压力 100kPa 下的噪声

1）测试泵 A 的噪声

打开阀门，开启测试泵 A，稳定运行一段时间以后，将入口压力控制在 100kPa。打开传感器通道，进行测试。结果收集完成后进行后处理，得到 FFT 和 CPB 分析数据。对得到的 8 组数据，根据公式（7-12）进行处理，得到最终该入口压力下泵总体的噪声情况。为了对比消声器的降噪效果，在相同测试条件下，进行了有无消声器的对比实验，FFT 实验结果对比于图 7-4 中。

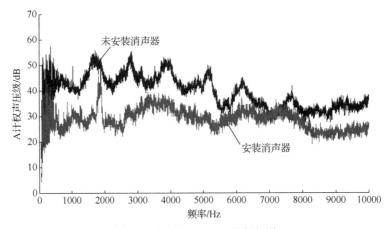

图 7-4　测试泵 A FFT 分析频谱

从图 7-4 中可以看出，未安装消声器时，频率为 5000Hz 以下频段噪声较高，为 40～55dB（A），之后随频率升高有所降低，6500Hz 以上频段基本在 40dB（A）以下。安装消声器后，噪声得到明显控制。5000Hz 以下频段，噪声降幅约为 15dB（A），8000Hz 以上频段，噪声降幅约为 10dB（A），而在 7000Hz 左右，基本没有降低，这反映了消声器的降噪特性。

CPB 实验结果对比于图 7-5 中，各频段噪声值均有降低，最大降幅接近

20dB（A），也表明消声器具有明显的降噪效果。

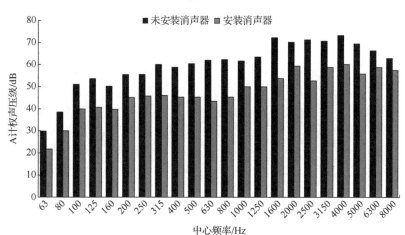

图 7-5 测试泵 A CPB 分析数据

2）测试泵 B 的噪声

测试泵 B 只进行不安装消声器的实验，在入口压力 100kPa 下的 FFT 实验结果如图 7-6 所示。对比测试泵 A 未安装消声器的结果，1000Hz 以下的频段明显高于测试泵 A，但人耳对该频段噪声不敏感。1000Hz 以上频段总体上随频率的升高，噪声值逐渐降低，噪声大小基本在 30dB（A）到 48dB（A）范围内，总体上较未安装消声器的测试泵 A 稍低。

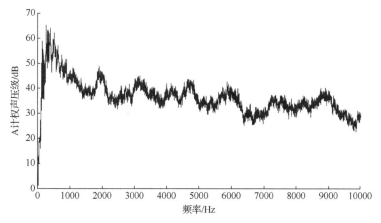

图 7-6 测试泵 B FFT 分析频谱

同样给出 CPB 分析结果，如图 7-7 所示。1000Hz 以下的频段明显高于未安装消声器的测试泵 A，而在 1000Hz 以上频段，噪声值明显低于未安装消声器的测试泵 A。

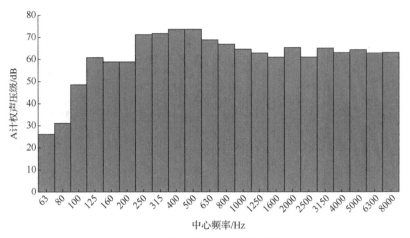

图 7-7　测试泵 B CPB 分析数据

2. 入口压力 80kPa 下的噪声

1）测试泵 A 的噪声

入口压力为 80kPa，测试泵 A 的 FFT 实验结果对比见图 7-8。噪声分布趋势与入口压力为 100kPa 基本相同，幅值降低。7000Hz 以下频段消声器的降噪效果依然明显，7000Hz 以上频段降噪效果有所减弱。图 7-9 为 CPB 分析结果。

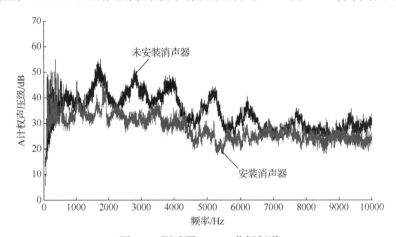

图 7-8　测试泵 A FFT 分析频谱

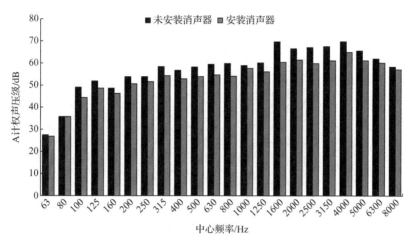

图 7-9　测试泵 A CPB 分析数据

2）测试泵 B 的噪声

入口压力 80kPa，测试泵 B 的 FFT 实验结果如图 7-10 所示。噪声分布趋势与入口压力为 100kPa 基本相同，幅值降低。图 7-11 为 CPB 分析结果。

3. 入口压力 60kPa 下的噪声

1）测试泵 A 的噪声

入口压力为 60kPa，测试泵 A 的 FFT 实验结果对比见图 7-12。噪声分布趋势与入口压力为 100kPa 基本相同，幅值降低。7000Hz 以下频段消声器的降噪效果明显减弱，7000Hz 以上频段已基本没有降噪效果。图 7-13 为 CPB 分析结果。

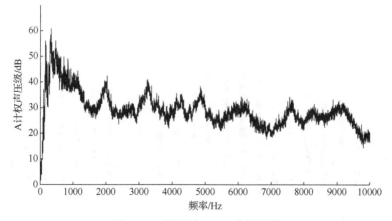

图 7-10　测试泵 B FFT 分析频谱

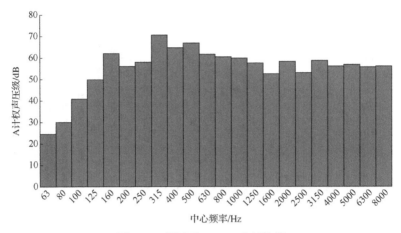

图 7-11　测试泵 B CPB 分析数据

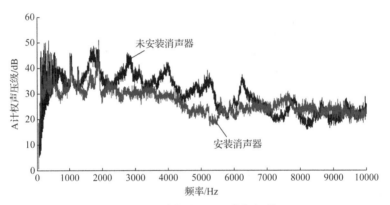

图 7-12　测试泵 A FFT 分析频谱

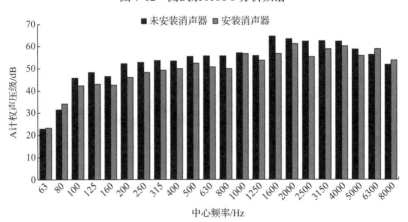

图 7-13　测试泵 A CPB 分析数据

2）测试泵 B 的噪声

入口压力 60kPa，测试泵 B 的 FFT 实验结果如图 7-14 所示。噪声分布趋势与入口压力为 100kPa 基本相同，幅值降低。图 7-15 为 CPB 分析结果。

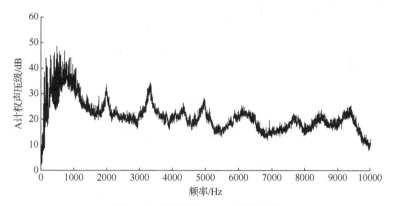

图 7-14 测试泵 B FFT 分析频谱

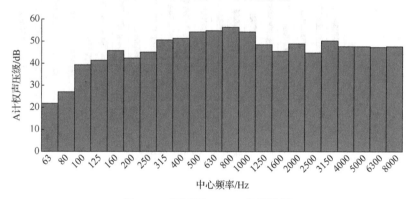

图 7-15 测试泵 B CPB 分析数据

4. 入口压力 40kPa 下的噪声

1）测试泵 A 的噪声

入口压力为 40kPa，测试泵 A 的 FFT 实验结果对比见图 7-16。噪声分布趋势与入口压力为 100kPa 基本相同，幅值降低。7000Hz 以下频段消声器基本没有降噪效果，7000Hz 以上频段噪声值甚至有所增加。图 7-17 为 CPB 分析结果。

2）测试泵 B 的噪声

入口压力 40kPa，测试泵 B 的 FFT 实验结果如图 7-18 所示。噪声分布趋势与入口压力为 100kPa 基本相同，幅值降低。图 7-19 为 CPB 分析结果。

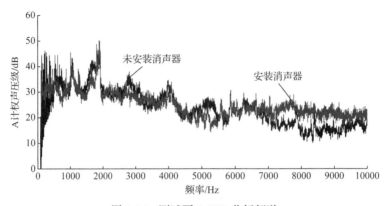

图 7-16　测试泵 A FFT 分析频谱

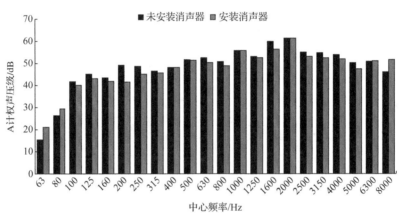

图 7-17　测试泵 A CPB 分析数据

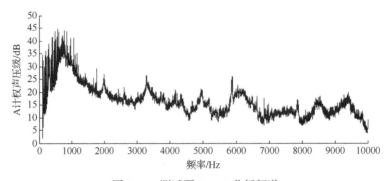

图 7-18　测试泵 B FFT 分析频谱

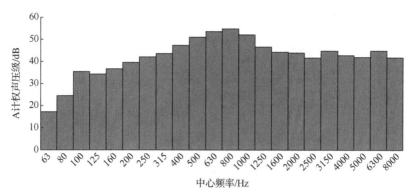

图 7-19 测试泵 B CPB 分析数据

5. 极限压力下的噪声

1）测试泵 A 的噪声

极限压力下，测试泵 A 的 FFT 实验结果对比见图 7-20。噪声分布趋势与入口压力为 100kPa 基本相同，幅值降低。2500～5500Hz 和 8500Hz 以上频段，消声器降噪效果还有明显体现，其他频段基本没有降噪效果。

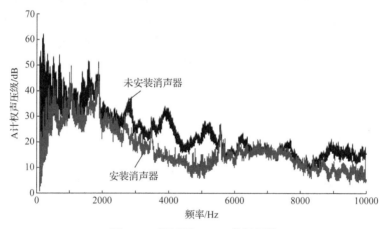

图 7-20 测试泵 A FFT 分析频谱

2）测试泵 B 的噪声

极限压力下，测试泵 B 的 FFT 实验结果如图 7-21 所示。噪声分布趋势与入口压力为 100kPa 基本相同，幅值降低。

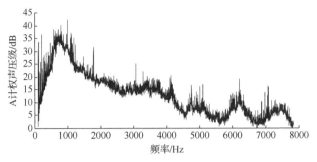

图 7-21　测试泵 B FFT 分析频谱

7.3.4　噪声测试实验总结

图 7-22 是测试泵 A 未安装消声器状态下，在入口压力为 100kPa、40kPa 和 5kPa（极限压力）时噪声测试的 FFT 结果对比。从图中可以明显看出，2500Hz 以下频段的噪声值基本不随压力变化而变化；随着入口压力降低，2500Hz 以上频段的噪声声压级逐渐降低，其中 2500～5000Hz 的噪声声压级降低最为显著；从 5500Hz 到 7500Hz 的噪声声压级变化比较平稳；7500Hz 以上的噪声在压力下降较少时降低不明显，但当入口压力接近极限压力时显著降低。从涡旋真空泵的工作条件分析，随着入口压力降低，吸入泵体的气流量逐渐减少，流体噪声逐渐减小，直至入口压力为极限压力时流体噪声降低到最小值。

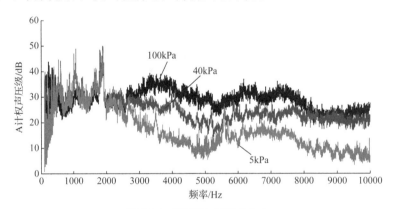

图 7-22　测试泵 A 噪声大小

图 7-23 是测试泵 B 在入口压力为 100kPa、80kPa、10kPa 下的噪声汇总。从图中可以看出，1000Hz 以上的噪声声压级随着入口压力降低有明显下降，1000Hz 以下的噪声基本不随着压力改变。与测试泵 A 对比，噪声值随入口压力下降的规

律也有差别，表明不同的设计对涡旋真空泵的流体噪声分布有显著影响。

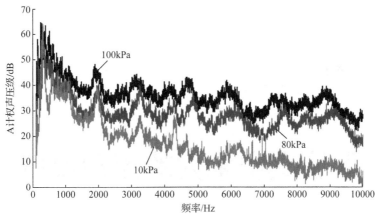

图 7-23　测试泵 B 噪声大小

随入口压力降低，气体流量减少，流体噪声也会降低，从图 7-22 和图 7-23 可以看出，随入口压力降低而减小的噪声频率测试泵 B 在 1000Hz 以上，测试泵 A 在 2500Hz 以上。而通过对测试泵 A 的噪声分析，安装消声器可以有效减小流体噪声的噪声幅值，是降低流体噪声的有效方法之一。

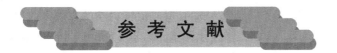

参 考 文 献

[1] 刘志硕, 申金升, 卫振林. 我国职业噪声危害成因分析及总体控制对策[J]. 中国安全科学学报, 2003, 13(12): 53-56.

[2] 陈青松. 工作场所噪声监测与评价[M]. 广州: 中山大学出版社, 2015.

[3] 张恩惠, 殷金光, 邢书仁. 噪声与振动控制[M]. 北京: 冶金工业出版社, 2012.

[4] 苑春苗, 栾昌才, 李畅. 噪声控制原理与技术[M]. 沈阳: 东北大学出版社, 2014.

[5] 王青岳. 有源降噪耳罩中自适应滤波算法的研究[D]. 西安: 西安工业大学, 2009.

[6] 李建军. VRD 旋片真空泵启动噪声和结构振动噪声的数值计算及降噪分析[D]. 沈阳: 东北大学, 2014.

[7] Chen X D, Chen X Z, Lu Y M, et al. Research on the mechanism of vibration and noise of roots vacuum pump[J]. Journal of Hefei University of Technology, 2002, 25(6):1101-1106.

[8] Li Z. Tests and analysis of the source of shock-cell noise from a rotary piston vacuum pump[J]. Vacuum, 1998, 51(3):345-348.

[9] 真空技术 真空泵噪声测量: GB/T 21271—2007[S]. 北京: 中国标准出版社.

第 **8** 章

涡旋真空泵内的流动模拟

8.1 计算流体力学基础

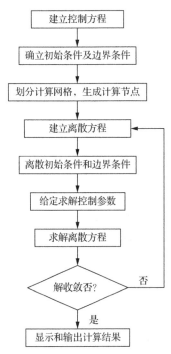

图 8-1 计算流体力学求解过程

流体力学是研究流体平衡和宏观运动规律的科学。电子计算机的出现和迅速发展大大改变了科学技术发展的进程。流体力学的发展因此出现了崭新的面貌。计算流体力学（computational fluid dynamics，CFD）应运而生，CFD 是近代流体力学、数值数学和计算机科学结合的产物，是将流体实验用数值模拟方法求解的过程。数值模拟就是数值求解控制流体流动的微分方程，得出流场在连续区域上的离散分布，从而近似模拟流体流动情况。目前 CFD 分析方法已在多个领域有了较好的应用，主要包括：航空航天、汽车、船舶工业、冶金行业和石油化工行业等[1-4]。数值计算过程如图 8-1 所示。

8.1.1 控制方程

流体流动要受物理守恒定律的支配，基本的守恒定律包括质量守恒定律、动量守恒定律（牛顿第二定律)、能量守恒定律(热力学第一定律)。如果流动包含不同成分(组分)的混合或相互作用,系统还要遵守组分守恒定律。如果流动处于湍流状态,系统还要遵守附加的湍流输运方程[5]。控制方程是这些守恒定律的数学描述,这些定律在流体力学中的体现就是相应的连续方程和 N-S 方程。

1. 质量守恒方程

如图 8-2 所示,对于微元控制体 V,以时间和空间为坐标,输入微元体的流体质量流量和输出微元体的流体质量流量之差应等于微元体内的流体质量变化率,这就是流体质量守恒定律。由此可得质量守恒方程为

$$\frac{\partial \rho}{\partial t}+\frac{\partial \rho u}{\partial x}+\frac{\partial \rho v}{\partial y}+\frac{\partial \rho w}{\partial z}=0 \tag{8-1}$$

式中,t 为时间;ρ 为流体的密度;u、v 和 w 分别为速度矢量在 x、y、z 方向上的分量。

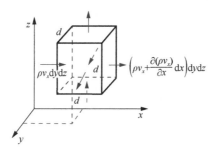

图 8-2   微元体表面的质量通量

2. 动量守恒方程

在流场中微元体的体积流量的动量变化率同作用在该流体上面积力和体积力之和相等,这就是流体的动量守恒方程。根据牛顿第二定律,笛卡儿坐标系下的动量方程可表示为

$$\frac{\partial(\rho u)}{\partial t}+\nabla \cdot(\rho u V)=-\frac{\partial p}{\partial x}+\frac{\partial \tau_{xx}}{\partial x}+\frac{\partial \tau_{yx}}{\partial y}+\frac{\partial \tau_{zx}}{\partial z}+\rho f_x \tag{8-2}$$

$$\frac{\partial(\rho v)}{\partial t}+\nabla \cdot(\rho v V)=-\frac{\partial p}{\partial y}+\frac{\partial \tau_{xy}}{\partial x}+\frac{\partial \tau_{yy}}{\partial y}+\frac{\partial \tau_{zy}}{\partial z}+\rho f_y \tag{8-3}$$

$$\frac{\partial(\rho w)}{\partial t}+\nabla \cdot(\rho w V)=-\frac{\partial p}{\partial z}+\frac{\partial \tau_{xz}}{\partial x}+\frac{\partial \tau_{yz}}{\partial y}+\frac{\partial \tau_{zz}}{\partial z}+\rho f_z \tag{8-4}$$

式中，f_x、f_y、f_z 分别为体积力在 x、y、z 方向的分量；τ_{xx}、τ_{yy}、τ_{zz} 为与流体微团体积的时间变化率相关的正应力；τ_{xy}、τ_{xz}、τ_{yx}、τ_{yz}、τ_{zx}、τ_{zy} 为与流体微团剪切变形的时间变化率相关的切应力。

3. 能量守恒方程

流入流体微团的净热流量与体积力、表面力对该微团所做的功之和等于流体微元体内能量的变化率，这就是在热力学第一定律基础上推导而来的能量守恒定律，能量守恒方程可表示为

$$
\begin{aligned}
&\frac{\partial}{\partial t}[\rho(e+\frac{V^2}{2})]+\nabla\cdot[\rho(e+\frac{V^2}{2})V]\\
&=\rho q+\frac{\partial}{\partial x}(k\frac{\partial T}{\partial x})+\frac{\partial}{\partial y}(k\frac{\partial T}{\partial y})+\frac{\partial}{\partial z}(k\frac{\partial T}{\partial z})-\frac{\partial(up)}{\partial x}-\frac{\partial(vp)}{\partial y}-\frac{\partial(wp)}{\partial z}\\
&+\frac{\partial(u\tau_{xx})}{\partial x}+\frac{\partial(u\tau_{yx})}{\partial y}+\frac{\partial(u\tau_{zx})}{\partial z}+\frac{\partial(v\tau_{xy})}{\partial x}+\frac{\partial(v\tau_{yy})}{\partial y}+\frac{\partial(v\tau_{zy})}{\partial z}\\
&+\frac{\partial(w\tau_{xz})}{\partial x}+\frac{\partial(w\tau_{yz})}{\partial y}+\frac{\partial(w\tau_{zz})}{\partial z}+\rho FV
\end{aligned}
\tag{8-5}
$$

式中，p 为流体的压力；ρ 为流体密度；$e+\dfrac{V^2}{2}$ 为单位质量流体的总内能；q 为单位质量流体的加热率；k 是流体导热系数。

8.1.2 湍流模型

湍流由流体在流动域内随时间与空间的波动组成，是一个三维、非稳态且具有较大规模的复杂过程。工程上对湍流流动的数值计算方法主要有直接数值模拟（DNS）、大涡模拟（LES）和雷诺时均方程法（RANS）。直接对 N-S 方程组求解需要较小的网格尺寸和时间尺度，会消耗巨大的计算资源。目前工程上常用的湍流计算方法都是 RANS。RANS 目前主要有零方程的混合长度模型，单方程的 Spalart-Allmaras 模型，双方程的 k-ε、k-ω 模型和代数应力模型等。本节主要介绍广泛使用的标准 k-ε 模型和其修正的 RNG k-ε 湍流模型[6]。

1. k-ε 湍流模型

涡黏性模式的湍流模型最早由 Bossinesq 提出，随着对湍流流动的不断研究和更加深入的了解，为达到使湍流模型与现实情况更为一致的目的，引入了湍流动能输运方程（k 方程）和湍流能量耗散率方程（ε 方程），进而构成了标准的 k-ε 湍

流模型。

湍流动能输运方程：

$$\frac{\partial(\rho k)}{\partial t}+\frac{\partial(\rho k u_i)}{\partial x_i}=\frac{\partial}{\partial x_j}\left[\left(\mu+\frac{\mu_t}{\sigma_k}\right)\frac{\partial k}{\partial x_j}\right]+G_k+G_b-\rho\varepsilon-Y_M+S_k \qquad （8-6）$$

湍流能量耗散率方程：

$$\frac{\partial(\rho\varepsilon)}{\partial t}+\frac{\partial(\rho\varepsilon u_i)}{\partial x_i}=\frac{\partial}{\partial x_j}\left[\left(\mu+\frac{\mu_t}{\sigma_\varepsilon}\right)\frac{\partial\varepsilon}{\partial x_j}\right]+C_{1\varepsilon}\frac{\varepsilon}{k}+(G_k+C_{3\varepsilon}G_b)-C_{2\varepsilon}\rho\frac{\varepsilon^2}{k}+S_\varepsilon \qquad （8-7）$$

式中，$C_{1\varepsilon}$、$C_{2\varepsilon}$、$C_{3\varepsilon}$ 为经验常数；μ_t 为湍流涡黏系数，$\mu_t=\rho f_\mu C_\mu k^2/\varepsilon$；$S_k$、$S_\varepsilon$ 为用户定义源项；σ_k、σ_ε 为湍流动能 k 和耗散率 ε 对应的普朗特数的倒数；G_k 是由平均速度梯度所产生的湍流动能 k 的产生项，其表达式为

$$G_k=\mu_t\left(\frac{\partial u_i}{\partial x_j}+\frac{\partial u_j}{\partial x_i}\right)\frac{\partial u_i}{\partial x_j} \qquad （8-8）$$

G_b 是由浮力产生的湍流动能 k 的产生项，其表达式为

$$G_b=\beta g_i\frac{\mu_t}{Pr_i}\frac{\partial T}{\partial x_i} \qquad （8-9）$$

其中，Pr_i 为湍流普朗特数，β 为热膨胀系数；Y_M 为可压缩湍流的脉动扩张项，其表达式为

$$Y_M=2\rho\varepsilon M_t^2 \qquad （8-10）$$

其中，M_t 为湍流马赫数。

2. RNG k-ε 湍流模型

RNG k-ε 湍流模型来源于统计技术，在标准 k-ε 模型基础上，修正了湍流黏度，考虑湍流涡旋对流场的影响。湍流动能输运方程（k 方程）和湍流能量耗散率方程（ε 方程）可以表示如下：

$$\frac{\partial(\rho k)}{\partial t}+\frac{\partial(\rho k u_i)}{\partial x_i}=\frac{\partial}{\partial x_j}\left[\alpha_k\left(\mu+\mu_t\right)\frac{\partial k}{\partial x_j}\right]+G_k+\rho\varepsilon \qquad （8-11）$$

$$\frac{\partial(\rho\varepsilon)}{\partial t}+\frac{\partial(\rho\varepsilon u_i)}{\partial x_i}=\frac{\partial}{\partial x_j}\left[\alpha_k\left(\mu+\mu_t\right)\frac{\partial\varepsilon}{\partial x_j}\right]+C_{1\varepsilon}\frac{\varepsilon}{k}G_k-C_{2\varepsilon}\rho\frac{\varepsilon^2}{k} \qquad（8-12）$$

8.1.3 定解条件

流动问题的定解条件包括边界条件与初始条件，在边界条件和初始条件确定后，就可以求得唯一的流体流动流场的解。初始条件就是计算初始时刻给定的计算参数，即 $t=t_0$ 时给出各变量的分布函数，如：

$$v\left(r,t_0\right)=v_0\left(r\right) \qquad（8-13）$$

$$p\left(r,t_0\right)=p_0\left(r\right) \qquad（8-14）$$

$$\rho\left(r,t_0\right)=\rho_0\left(r\right) \qquad（8-15）$$

$$T\left(r,t_0\right)=T_0\left(r\right) \qquad（8-16）$$

边界条件就是流体力学方程组在求解域的边界上流体物理量应满足的条件。它是影响计算效率和计算结果精度的重要因素，准确合理的边界条件是数值模拟结果的必要条件。由于实际模型中具体问题不尽相同，不同模型的边界条件设定差异很大，但一般都要遵循以下两点：①保持在物理理论上是正确的；②保证数学上的值是恰当的，要求刚好能用来确定定积分与微分方程中的积分常数。

8.1.4 数值求解

1. 有限体积法

有限体积法（finite volume method，FVM）又称为控制体积法（control volume method，CVM）。其基本思路是：将计算区域划分为网格，并使每个网格点周围有一个互不重叠的控制体积；将待解微分方程（控制方程）对每一个控制体积积分，从而得到一组离散方程，其未知数是网格点上的因变量（可以是速度、压力以及温度等）[7]。

为了求出控制体积的积分，必须假定因变量在网格点之间的变化规律。从积分区域的选取方法来看，有限体积法属于加权余量法中的子域法；从未知量的近似来看，有限体积法属于采用局部近似的离散方法。在有限体积法中，插值函数只用于计算控制体积的积分，得出离散方程之后，便可舍弃插值函数。如果需要，可以对微分方程中不同的项采取不同的插值函数。

有限体积法最吸引人的特征是可以使质量、动量以及能量这样的一些物理量的积分守恒在整个计算域内都可以精确地得到满足。对于任意数目的网格节点，这一特征都存在，因而即便是粗网格的解也照样显示准确的积分平衡，这也使有限体积法更有优势。有限体积法是目前在流体流动和传热问题求解中最有效的数值计算方法，已经得到了广泛的应用。

2. 基于有限体积法的控制方程离散

对于在求解域内所建立的偏微分方程，理论上是有真解的，但是，由于所处理问题自身的复杂性，很难获得方程的真解。因此，就需要通过数值的方法把计算域内的有限数量位置（即网格节点）上的因变量值当作基本未知量来处理，从而建立一组关于这些未知量的代数方程，然后通过求解代数方程组来得到这些节点值，而计算域内其他位置上的值则根据节点位置上的值来确定。这样，偏微分方程定解问题的数值解法就可以分为两个阶段：

（1）用网格线将连续的计算域划分为有限离散集，即网格节点；并选取适当的途径将微分方程及其定解条件转化为网格节点上相应的代数方程组，即建立离散方程组；然后在计算机上求解离散方程组，得到节点上的解。

（2）节点之间的近似解，一般认为光滑变化，原则上可以用插值方法确定，从而得到定解问题在整个计算域上的近似解。这样，用变量的离散分布近似解代替了定向问题精确解的连续数据，这种方法即为离散近似法。

8.2　涡旋腔内气体流动的 CFD 模拟

计算流体力学发展迅速并被应用于流体机械内部流场的研究。针对涡旋干式真空泵，依据由分子平均自由程和几何特征尺寸决定的克努森数 Kn，判断其内部流动状态除黏滞流外，还可能存在滑移流、过渡流甚至分子流态。在吸气压力较高时，涡旋干式真空泵内气体流动以黏滞流和滑移流为主时，由于气流量和负荷较大，涉及许多关键的应用和设计问题，如关键零部件的受热膨胀变形、功率消耗、气动噪声等，此时 CFD 方法能够提供流体力学和热力学的数值分析。

8.2.1　几何模型的建立

本章所述单侧涡旋干式真空泵泵腔的各部分几何参数如表 8-1 所示。

表 8-1　单侧涡旋干式真空泵泵腔几何参数

名称	数值
基圆半径	3mm
渐开线截距	18.85mm
渐开线初始角度	40°
涡旋盘齿厚	4.19mm
涡旋盘齿高	30mm
涡旋圈数	5.25
轴向间隙	0.3mm
最小径向间隙	0.036mm

　　考虑到后续网格划分与数值计算，首先对涡旋真空泵内流场中对流动分析影响不大的部分进行简化，简化后单侧涡旋干式真空泵的流动区域模型如图 8-3 所示。泵内流场模拟采用的是基于动网格方法的瞬态模拟，为了方便应用动网格技术和进行数值计算，将图 8-3 所示的涡旋真空泵内流动区域划分为吸气口、涡旋压缩腔和排气口三个部分，吸气口由吸气通道和动静涡旋盘中间围成的区域构成，排气口由排气通道和压缩腔外圆周的流动通道构成，涡旋压缩腔指的是涡旋线形成的工作腔区域。涡旋干式真空泵间隙主要为径向间隙和轴向间隙两部分，由于涡旋齿顶设有密封条，轴向间隙泄漏量较小，因此在不影响工程需要的计算精度的前提下，可以忽略轴向间隙的影响，只考虑径向间隙。

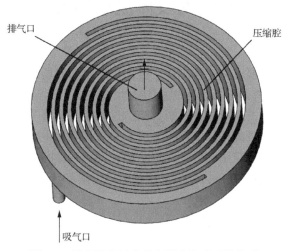

排气口　　　　　　　　压缩腔

吸气口

图 8-3　单侧涡旋干式真空泵内流动区域模型

8.2.2　计算域网格生成

如图 8-4 所示，简化后泵腔流动区域主要包括吸气口、涡旋体区域和排气口三个区域，其中吸气口区域没有网格节点的运动且结构比较简单，此部分生成四面体非结构网格；涡旋体区域的形状和容积随主轴的转动而不断变化，且变化的幅度较大，规律性强，需要通过动网格方法控制节点变化，因此对区域网格的质量和规律性有较高的要求，此部分采用节点排布规律较好的六面体结构网格，以便于控制其节点运动；排气口区域几何空间形状较为复杂，采用四面体非结构网格。然后将三部分流动区域通过交界面方法组成整体模型进行数值计算。

网格密度既影响数值计算的精度，又影响计算效率，数值模拟应在满足模拟精度的要求下使用尽量少的网格数量以提高计算效率[8-9]。经比较计算得出不同流动区域的网格参数如表 8-2 所示，流动区域及计算网格见图 8-4。

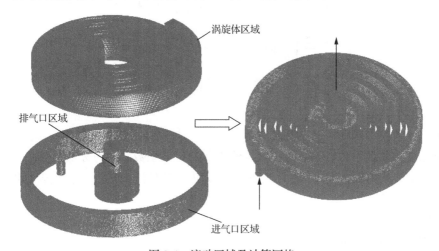

涡旋体区域

排气口区域

进气口区域

图 8-4　流动区域及计算网格

表 8-2　网格参数

	网格节点数	网格类型
吸气口	103866	四面体网格
排气口	26262	四面体网格
涡旋体区域	389056	六面体网格

8.2.3　动网格方法

涡旋干式真空泵工作时，涡旋体区域的几何形状和容积不断变化，因此涡旋体区域需采用动网格方法来建立模型。涡旋干式真空泵泵腔内气体流动实际是复杂的三维空间内的非定常可压缩流动，因此，积分形式的守恒方程必须修改，在笛卡儿坐标系下非稳态可压缩流动控制方程如下式：

$$\frac{\mathrm{d}}{\mathrm{d}t}\int_{V(t)}\rho\mathrm{d}V+\int_{s}\rho\left(U_{j}-W_{j}\right)\mathrm{d}n_{j}=0 \tag{8-17a}$$

$$\frac{\mathrm{d}}{\mathrm{d}t}\int_{V(t)}\rho U_{i}\mathrm{d}V+\int_{s}\rho\left(U_{j}-W_{j}\right)U_{i}\mathrm{d}n_{j}$$

$$=-\int_{s}P\mathrm{d}n_{j}+\int_{s}\mu_{\mathrm{eff}}\left(\frac{\partial U_{i}}{\partial x_{j}}-\frac{\partial U_{j}}{\partial x_{i}}\right)\mathrm{d}n_{j}+\int_{V}S_{U_{i}}\mathrm{d}V \tag{8-17b}$$

$$\frac{\mathrm{d}}{\mathrm{d}t}\int_{V(t)}\rho\phi\mathrm{d}V+\int_{s}\rho\phi\left(U_{j}-W_{j}\right)\mathrm{d}n_{j}$$

$$=\int_{s}\varGamma_{\mathrm{eff}}\left(\frac{\partial\phi}{\partial x_{j}}-\frac{\partial U_{j}}{\partial x_{i}}\right)\mathrm{d}n_{j}+\int_{V}S_{\phi}\mathrm{d}V \tag{8-17c}$$

式中，ρ 为流体密度；U 为流体的速度；W 为控制体边界移动速度；μ_{eff} 为包含湍流黏度的黏度系数；$\varGamma_{\mathrm{eff}}$ 为包含湍流扩散的扩散系数；ϕ 为标量，如单位质量工质的焓值或内能；S_{U}、S_{ϕ} 为源项；$\mathrm{d}n$ 为表面的外法向量；i、j 代表直角坐标系中的坐标轴。

动网格求解应满足几何守恒律[10-11]（geometric conservation law，GCL），控制体积的时间导数可由下式计算：

$$\frac{\mathrm{d}}{\mathrm{d}t}\int_{V(t)}\mathrm{d}V=\int_{s}W_{j}\mathrm{d}n_{j} \tag{8-18}$$

在动网格的实施过程中，网格节点会随着流动区域的变形而不断地更新。目前生成动网格的方法主要有迭代法、代数法和解析法[11]。对于网格变形较大的情况通常采用迭代法，迭代法中最常用的方法包括弹性平滑法、动态分层法和局部网格重划法等[12-14]。

弹性平滑法：通过调整已知边界节点位移，控制内部节点的位移相对边界节点按线性变化，来实现网格运动。这种方法保证网格拓扑始终不变，也无须插值，减少了插值计算造成的误差，从而较好地保证了计算精度和计算效率。

动态分层法：在运动边界处，根据网格运动规律动态地增加或减少网格层数来实现网格更新。这种方法能够快速地生成网格，适用于规则形状流动区域的网格更新。

局部网格重划法：通过调用网格生成器对变形较大的流动区域网格进行重新划分，然后通过插值的方法将原网格的流场属性插值到新的网格节点。这种方法适用于网格变形较大的情况，但由于需要进行大量的插值计算，运算效率低，同时生成的网格不确定性大，求解过程可能不收敛。

涡旋干式真空泵工作腔是由一系列月牙形封闭腔构成，不适用动态分层法，而局部网格重划法效率低且存在一定风险，也不是理想的选择。本章基于弹性平滑法的思想，通过 ANSYS CFX 用户 Fortran 函数控制工作腔变形区域所有网格节点的坐标实现了网格更新。

首先对涡旋体区域进行六面体网格划分，之后控制节点的运动实现偏心，如图 8-5 所示。偏心的运动过程可以理解为动涡旋盘水平移动的过程，只需找到动涡旋盘相对于中心的偏移方向和偏移量即可找到偏移后节点位置。网格旋转运动时，保持网格节点 z 方向的坐标不变，控制改变节点 x 和 y 方向的坐标，通过网格变形推动工作腔形状和容积的变化。计算中静涡旋盘上的网格节点保持不变，动涡旋盘上的网格节点按动涡旋盘的运动规律随动，静涡旋盘和动涡旋盘之间的网格节点按比例改变。

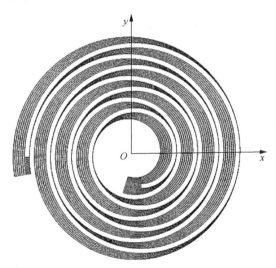

图 8-5　泵腔网格运动规律示意图

任意节点在 x-y 平面内的坐标为 (x,y)，求第 n 个时间步时节点坐标的过程如下。

（1）已知任一点坐标为 (x,y)，圆渐开线方程为

$$\begin{cases} x = R_g \left[\cos\phi + (\phi - \alpha)\sin\phi \right] \\ y = R_g \left[\sin\phi - (\phi - \alpha)\cos\phi \right] \end{cases} \quad (8\text{-}19)$$

则可求得已知节点的渐开线展开角 ϕ 和发生角 α。

（2）根据展开角 ϕ，结合圆渐开线方程，求解静涡旋盘和动涡旋盘上展开角相同的两参考点的坐标 $A_0(\text{XH}_0, \text{YH}_0)$、$A_1(\text{XH}, \text{YH})$。

（3）求解已知节点 (x,y) 在 A_0A_1 连线上所占比例 RR：

$$\text{RR} = \frac{x - \text{XH}_0}{\text{XH} - \text{XH}_0} \quad (8\text{-}20)$$

（4）根据主轴旋转角速度 1704r/min，可求得动涡旋盘第 n 步旋转过的角度 θ：

$$\theta = \frac{60}{1704 \times 360} \times nt \quad (8\text{-}21)$$

式中，t 为旋转时间，t=0 时，θ=0。

（5）设偏心量为 R_{or}，动涡旋盘沿顺时针方向转动，根据偏心运动规律，确定动涡旋盘上参考点 A_1 在 x 方向和 y 方向上的运动偏移量 AN_x，AN_y：

$$\begin{cases} \text{AN}_x = R_{\text{or}} \times \cos(\theta \times \pi / 180) \\ \text{AN}_y = -R_{\text{or}} \times \sin(\theta \times \pi / 180) \end{cases} \quad (8\text{-}22)$$

（6）保持原比例 RR 不变，求解第 n 步节点坐标 (x', y')。

$$\begin{cases} x' = \text{XH}_0 + (\text{XH} + \text{AN}_x - \text{XH}_0) \times \text{RR} \\ y' = \text{YH}_0 + (\text{YH} + \text{AN}_y - \text{YH}_0) \times \text{RR} \end{cases} \quad (8\text{-}23)$$

通过 Fortran 程序实现上述程序计算，对变形区域所有网格节点计算后可得到更新后的计算网格，ANSYS CFX 运行时始终以初始位置节点坐标数据和时间步为参数调用 Fortran 程序。图 8-6 为 x-y 坐标面某平行平面上不同转角位置上的网格。

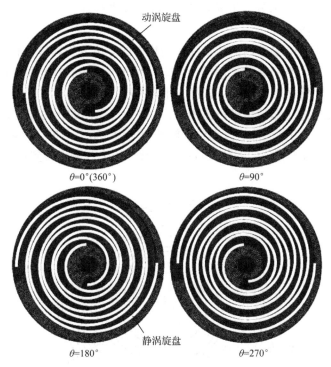

动涡旋盘

$\theta=0°(360°)$ $\theta=90°$

静涡旋盘

$\theta=180°$ $\theta=270°$

图 8-6 $x\text{-}y$ 坐标面某平行平面上的网格

8.2.4   数值模拟基本设置

数值模型中的主要几何参数与文献[15]、[16]相同，图 8-3 所示的涡旋干式真空泵内流动空间模型与文献给出的实体差别仅在于：①吸排气口部结构和尺寸不完全一致；②只保留径向间隙，这里考虑轴向间隙处一般有密封措施，泄漏量较小，可以忽略不计。

根据文献[15]、[16]中涡旋干式真空泵的运转条件设定数值模型的边界条件和控制参数。模型的出口设为压力边界，始终取 101kPa（大气压）；入口也设置为压力边界条件，并分别取 17kPa、42kPa 和 101kPa（大气压）进行计算，对应了涡旋干式真空泵欠压缩、稍过压缩和过压缩三种典型运转条件。如果以所取最小吸气压力（17kPa）和泵内的最小径向间隙（0.036mm）评价泵内的最大克努森数，则泵内气体流动主要为黏滞流态（$Kn<0.0109$），因此壁面边界取无滑移光滑壁面。壁面的热力学边界条件难以准确给定，根据经验涡旋真空泵运转时泵壳表面温度一般为 40~50℃，泵内温度高于外表面，因此取数值模型边界的壁面温度为 65℃

比较接近实际情况。另外，取转速为 1704r/min 进行计算，时间步长为动涡旋盘转过 1° 所需的时间。

气体在涡旋真空泵腔内的流动受动网格下的守恒方程和气体状态方程控制。气体为理想空气，空间离散采用混合格式，时间离散按隐式二阶精度格式，湍流模型采用工程上常用的 RNG k-ε 模型，计算中残差控制小于 10^{-4}。除对抽气速率、动涡旋盘所受气体压缩转矩进行监测外，为了追踪泵内的压力变化，设置了 Point 1～Point 4 四个压力观测点，分别位于旋转角度为 300°、570°、840° 和 1110° 处，与文献[16]中压力传感器的安装位置完全一致，压力观测点位置如图 8-7 所示。

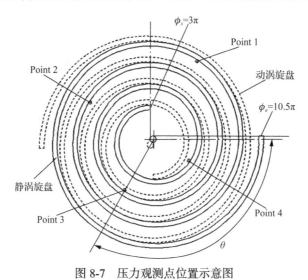

图 8-7　压力观测点位置示意图

8.2.5　模拟结果与测试结果比较分析

1. 抽气速率

图 8-8 为数值计算得到的不同入口压力下涡旋真空泵瞬时抽气速率随转动角度的变化。从图中可以看出，在不同入口压力下，泵抽气速率的大小随转角均呈周期性变化，其根本原因在于容积变化率的周期性变化。当入口压力为 101kPa（大气压）时，涡旋真空泵瞬时抽气速率随转动角度的变化最剧烈，这是导致泵初始工作不稳定的主要因素，这将对涡旋齿的强度以及泵的动平衡提出很高的要求。

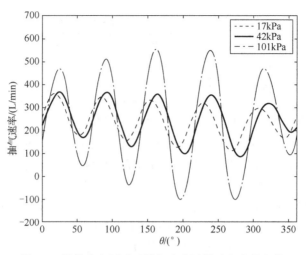

图 8-8 涡旋真空泵瞬时抽气速率随转动角度的变化

根据模拟结果所得的不同入口压力下涡旋真空泵瞬时抽气速率 S_i，可按式（8-24）计算涡旋真空泵平均抽气速率 S_m：

$$S_m = \frac{1}{2\pi}\int_0^{2\pi} S_i(\theta)\mathrm{d}\theta \qquad (8\text{-}24)$$

不同入口压力下的平均抽气速率与实验结果[16]对比见图 8-9。从表 8-3 汇总的计算结果看，吸气压力为 17kPa 时，模拟结果为 239.14L/min，实验结果约为 178.17L/min，模拟误差最大，约为 34.22%；随着吸入压力升高，计算误差逐渐减小，在吸入压力达到大气压时，误差减小到接近 10%。

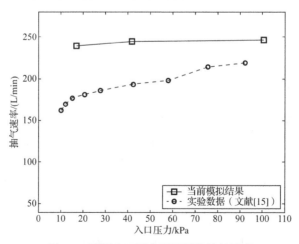

图 8-9 不同入口压力下的平均抽气速率

表8-3　不同入口压力下的平均抽气速率与实验结果对照表　　单位：L/min

	17kPa	42kPa	101kPa
数值模拟平均抽气速率	239.14	244.06	246.40
实验测得平均抽气速率	178.17	193.66	—

从建模过程分析，产生误差的主要原因在三个方面：①吸排气结构和尺寸与物理实验不完全一致，Li 等[15]和 Sawada 等[17]都指出，在吸入压力较高时，吸排气通道（包括实验中的吸气管、阀门等）的阻力对抽气速率有较大影响；②为简化计算模型而忽略的轴向间隙和按设计值（与运转时的实际值不同）给定的径向间隙导致泄漏量计算不准确；③不同吸气压力下，CFD 模型的壁面热力学边界条件应有所不同，目前均按经验设置为 65℃也必然带来较大的计算误差。以上的影响因素完全可以结合产品和实验的实践予以修正，进一步提高模拟的准确程度。

2. 转子所受转矩

图8-10 为数值模型模拟得到的不同吸气压力下动涡旋盘所受到的瞬时气体压缩转矩。从图 8-10 可知当吸气压力为 42kPa 时，转矩波动较小，表明该条件下涡旋真空泵的运转较平稳。吸气压力为 17kPa 时，转矩出现较大变化，主要表现为当涡旋转子转过约 100° 时，转矩急剧上升，而后振荡减小。吸气压力为 101kPa 时，转矩也出现较大波动，主要表现为转矩先逐渐增大，当涡旋转子转过约 120°时又急剧下降。转矩的波动势必激发涡旋干式真空泵在运转时产生振动，给在精密科学仪器等应用场合带来不好的影响。在吸气压力为 17kPa 和 101kPa 时出现的

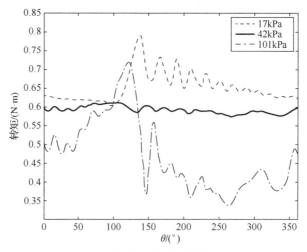

图 8-10　瞬时压缩转矩随转角的变化

转矩大幅度波动分别与涡旋干式真空泵运转时的"欠压缩"和"过压缩"现象有关，以下将结合泵的工作过程进一步进行分析。

3. 消耗功率

应用式（8-24）平均后结合转速可计算气体压缩功率。涡旋干式真空泵的气体压缩功率随吸气压力变化，并在某一吸气压力下存在最大值。最大功率是电动机匹配和评价涡旋真空泵能源利用水平的重要参数，一般将气体压缩过程近似看作多变过程，并按式（8-25）、式（8-26）近似计算最大压缩功率及对应的吸气压力：

$$P = \frac{P_{out}}{m^{\frac{m}{m-1}}} \qquad (8\text{-}25)$$

$$W_{max} = P_{out} S m^{\frac{m}{1-m}} \qquad (8\text{-}26)$$

式中，P 为压缩功率最大时对应的吸气压力；P_{out} 为涡旋真空泵的排气压力；S 为抽气速率；m 为多变指数，$m=1.3\sim1.4$；W_{max} 为最大压缩功率。本章模拟的涡旋干式真空泵约在吸气压力为 31kPa 时压缩功率最大，从表 8-4 汇总的计算结果看，无论吸气压力高于或低于该吸气压力，CFD 的计算结果均小于最大功率，符合理论预期。

表 8-4　消耗功率

吸气压力/kPa	消耗功率/W	方法
17	116.4	CFD
31[*]	174[*]	近似为多变过程
42	105.6	CFD
101	84.1	CFD

[*]近似估算最大功率及对应的吸气压力

4. 工作过程分析

涡旋干式真空泵的压缩比随吸气压力降低而逐渐增大，工作过程也将从"过压缩"状态过渡到"欠压缩"状态。按表 8-1 给定的参数，本章中涡旋干式真空泵的设计压缩比为 2.64。表 8-5 对比了文献[16]的实验条件和本章 CFD 模型中涡旋干式真空泵的工作状态。

表 8-5 涡旋干式真空泵工作状态对比

吸气压力 /kPa	文献[16]实验 排气压力/kPa	文献[16]实 验压缩比	文献[16]实 验工作状态	CFD 模拟排 气压力/kPa	CFD 模拟压 缩比	CFD 模拟工 作状态
17	95	5.59	欠压缩	101	5.94	欠压缩
42	95	2.26	过压缩	101	2.40	稍过压缩
101	—	—	—	101	1	过压缩

图 8-11、图 8-12 分别为吸气压力为 17kPa 和 42kPa 时观测点 Point 1～Point 4

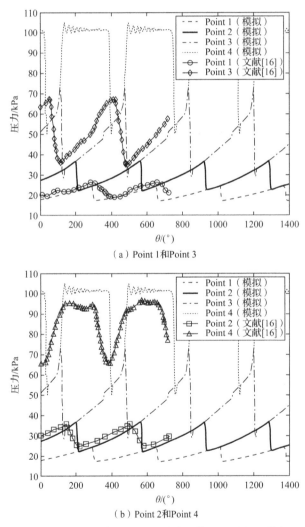

（a）Point 1和Point 3

（b）Point 2和Point 4

图 8-11 吸气压力为 17kPa 时的工作过程（欠压缩）

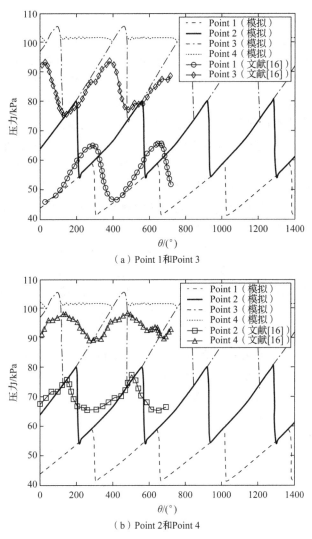

（a）Point 1和Point 3

（b）Point 2和Point 4

图 8-12 吸气压力为 42 kPa 时的工作过程（稍过压缩）

的压力随涡旋转子转动的变化过程。为表现得更为清晰，各分为（a）、（b）两图。显然，CFD 模型计算的观测点压力与实验测量的压力具有非常一致的变化过程。

其中 Point 1~Point 3 位置处的压力变化能够反映封闭涡旋压缩腔内的气体压缩过程，该点处的压力呈现很明显的周期性变化。以 Point 2 点为例，当动涡旋盘转过 $\theta=210°$ 时，该点开始位于随后的压缩腔内，此时压缩腔容积最大，压力最小。随着动涡旋盘旋转，压缩腔容积逐渐减小，压力也随之升高。当平动一周后动涡旋盘再次位于该位置处时，该点从之前的压缩腔进入下一个压缩腔，压力迅速降低。

Point 4 位置处的压力变化能够对应封闭涡旋压缩腔的排气过程。在图 8-11 中，当吸气压力为 17kPa 时，由于吸气压力较低，Point 4 所在的工作腔内的压力要远小于排气压力，即为"欠压缩"状态。当此工作腔与排气口相通时，排气口处的高压气体会返流到工作腔中，致使工作腔内的压力迅速升高，达到排气压力，随之动涡旋盘的转动实现排气过程。此时涡旋真空泵压缩抽气的过程既包括泵腔容积变化产生的内压缩过程，也包括由于高压气体返流所产生的外压缩过程。在图 8-12 中，当吸气压力为 42kPa 时，Point 4 所测得的压力与排气压力基本一致，Point 4 所在工作腔内的压力无明显的波动，属于比较理想的压缩过程。

图 8-11、图 8-12 中数值模拟结果与实验测量结果有误差主要原因在于：①两者在吸排气几何结构和参数、泄漏间隙、壁面的热力学边界条件，特别是排气压力几个方面存在差别；②实验中压力传感器有一定的尺寸和安装结构，涡旋转子经过时，测试压力会有一个变化的过程，而数值模型中是直接读取某点的计算数据。因此，计算结果与实验数据基本符合，能够反映涡旋干式真空泵内的工作过程和机制。Point 1～Point 4 测得的工作过程压力变化曲线与吸气压力为 17kPa 和 42kPa 时的压力变化也具有高度的一致性。

图 8-13 为吸气压力为 101kPa 时泵内各点处的压力变化。Point 1～Point 4 所测得的压力值较 17kPa 和 42kPa 明显偏高，Point 4 所测得的压力远高于排气压力，属于典型的"过压缩"过程，当 Point 4 所在工作腔与排气口相通时，气体迅速排出，工作腔内压力骤降。

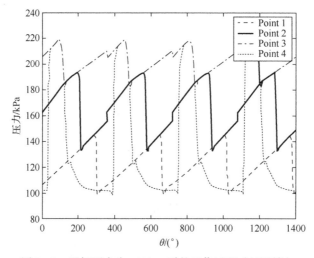

图 8-13　吸气压力为 101kPa 时的工作过程（过压缩）

8.3　涡旋真空泵内的流动过程与规律

8.3.1　涡旋真空泵内流动过程分析

涡旋真空泵内的流动属于三维空间内的瞬时流动，数值模拟结果能直观地呈现泵腔内流体的流动信息，便于深入研究泵腔内的流动过程。对于同一涡旋干式真空泵流体流动数值分析模型，泵体内流体流动过程及流线分布情况具有较高的一致性，为避免重复，以下关于泵体内流动过程的分析内容都是在吸气压力为42kPa 基础上分析的。

1. 吸气口流体流动分析

图 8-14 给出了吸气压力为 42kPa 时不同转角瞬时吸气通道流体流动迹线图。

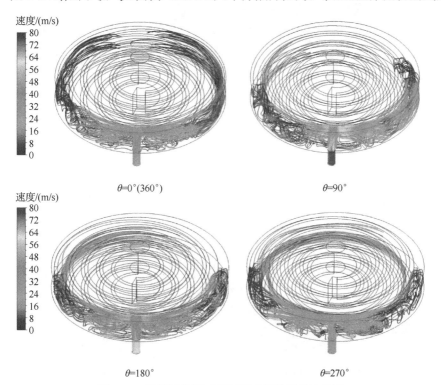

图 8-14　不同转角瞬时吸气通道流体流动迹线图

从图中可以看出，当 $\theta=0°$ 涡旋干式真空泵恰好完成上一周期的吸气过程，吸气腔关闭。随着动涡旋盘的旋转，涡旋盘外圆周张开，新的吸气腔形成，吸气腔容积逐渐变大，内部压力减小，气体在压差作用下被吸入泵腔。高速流体沿吸气通道垂直泵腔上壁面流入泵腔，与泵腔上表面相遇并产生冲击，气体速度和流动方向发生改变，产生返流现象。当气体流速足够大时，返流回的气体与泵腔下边面也会发生撞击，撞击后气体向两个方向扩散。一部分气体沿流动通道继续流动，反复撞击上下壁面，流线呈螺旋状，这种螺旋涡流动随着转子的转动而延伸，从吸气腔高速流出后逐渐平缓；另一部分气体折回，在吸气口附近与高速摄入的气体相遇再次折回，导致在吸气口两侧形成气流涡旋。

2. 涡旋压缩腔内流体流动分析

图 8-15 给出了吸气压力为 42kPa 时涡旋真空泵腔内不同转角瞬时流动迹线图。为便于观察，取 x-y 坐标平面平行的角度进行观察。

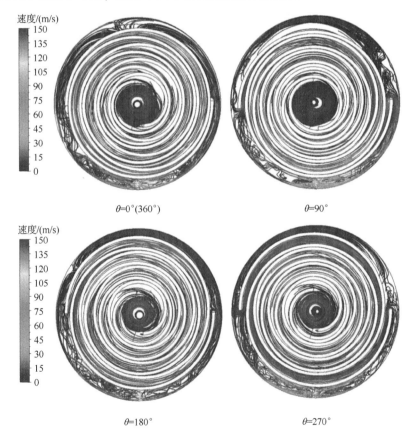

图 8-15　涡旋真空泵腔不同转角瞬时流动迹线图

从图中可以看出，流体从吸气口高速流入，沿左右两方向分别扩散，当动涡旋盘转过 0° 时，涡旋盘外圆周张开，吸气腔开始形成，吸气腔内压强较小，气体在压差作用下从外侧被吸入涡旋工作腔内。对左侧工作腔来说，工作腔形成方向与流体流动方向相同，流体顺势流入吸气腔中，只有少数流体越过工作腔吸气口沿静涡旋盘外圆周流动。而对于右侧流体，工作腔形成过程的方向与流体流动方向相反，流体经过工作腔吸气口，在压差作用下流动方向发生改变，一部分流体折回进入吸气腔，另一部分流体沿流道继续流动，当左右两气流在某点相遇后发生冲击，进而在吸气口对侧区域内产生气流涡旋，气体量足够大时，气体越过涡旋，从左侧入口进入吸气腔。随着主轴的进一步旋转，工作腔容积进一步增大，进入工作腔内的气体量也逐渐增大。当 $\theta=180°$ 时，外圆周张角达到最大值，此时泵的抽气速率最大。之后张角逐渐减小，抽气速率降低。当 $\theta=360°$ 时，张角闭合，完成一次吸气过程。

当压缩腔形成后，随着主轴的旋转，动静涡旋盘啮合点沿涡旋线方向向中心推进，工作腔容积逐渐被压缩，压缩过程中，吸气腔内流体流线沿涡旋线方向均匀分布，无明显涡旋产生。

泵腔的排气过程是从 $\theta=90°$ 开始的，当主轴转过 90° 时，最内侧的两个工作腔与排气口相通，高压气体从工作腔中喷出，气体流速较大，随着气体的排出，工作腔与排气口压差降低，流速减缓。随着动涡旋盘的旋转，啮合点向排气口推进，工作腔内气体逐渐被排出。

8.3.2　涡旋真空泵内流场分析

流场内的一切现象都是流体流动状态导致的，流场分布图能直观地展现泵腔内的流场分布，便于深入研究流体流动现象和形成机理。

1. 吸气压力为 17kPa 时泵腔内流场分析

图 8-16 为吸气压力为 17kPa 时涡旋真空泵内的压力和速度分布图。从图中可以看出，当吸气压力为 17kPa 时，由于吸气压力低，$\theta=34°$ 时，Point 4 所在的靠近排气侧的封闭压缩腔内的压力远低于排气压力，即为"欠压缩"过程，在图 8-11 中表现为 $\theta=30°$ 之后压力的迅速下降。当 $\theta=124°$ 时，该压缩腔已向排气口侧打开，在压差的驱动下，排气侧的气体高速返流入压缩腔，压缩腔内气体压力骤升，达到排气压力，表现为图 8-11 中 Point 4 压力的迅速上升。由此推断，"欠压缩"引起的排气时高速返流和压力变化导致了图 8-10 中转矩的大幅度波动。

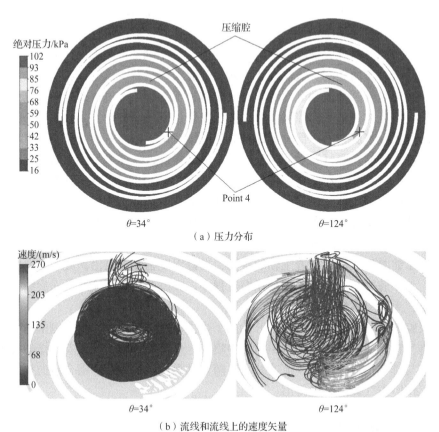

（a）压力分布

（b）流线和流线上的速度矢量

图 8-16　吸气压力为 17kPa 时涡旋干式真空泵内的压力和速度分布

2. 吸气压力为 42kPa 时泵腔内流场分析

图 8-17 中，吸气压力升高到 42kPa，θ=34° 时，靠近排气侧的封闭压缩腔内的压力与排气侧没有明显的区别。θ=124° 排气时，流速和压力的变化也较小，因此图 8-12 中 Point 4 的压力变化较小，图 8-10 中的转矩也未出现明显的波动。涡旋干式真空泵的工作过程表现为"稍过压缩"的理想状态。

3. 吸气压力为 101kPa 时泵腔内流场分析

图 8-18 中，吸气压力进一步升高到 101kPa，对应大气压下运转的典型工作状态。θ=34° 时，靠近排气侧的封闭压缩腔内的压力远高于排气压力，即为"过压缩"过程。在图 8-13 中表现为 θ=30° 之后 Point 4 处压力的迅速上升。θ=136° 排气时，在巨大压差的作用下，气体高速流向排气侧，表现为图 8-13 中 Point 4 的

压力在 θ=100° 后迅速降低。可以推断，"过压缩"引起的高速排气和压力大幅度波动是导致图 8-10 中转矩变化的根本原因。

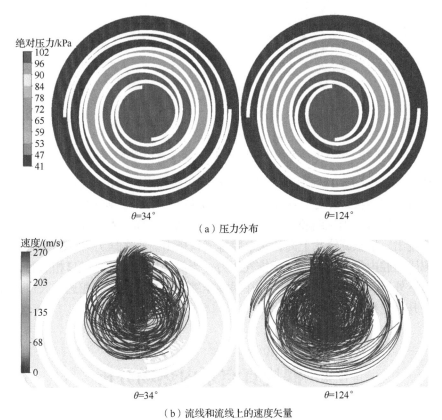

（a）压力分布

（b）流线和流线上的速度矢量

图 8-17　吸气压力为 42kPa 时涡旋干式真空泵内的压力和速度分布

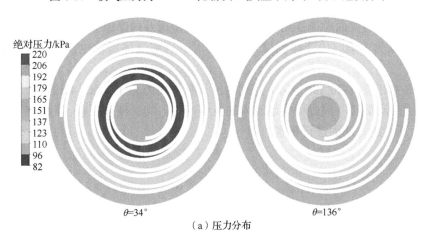

（a）压力分布

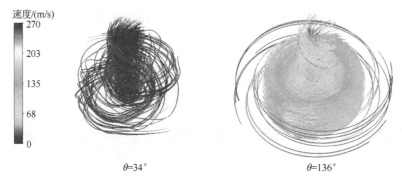

$\theta=34°$ $\theta=136°$

（b）流线和流线上的速度矢量

图 8-18　吸气压力为 101kPa 时涡旋干式真空泵内的压力和速度分布

从图 8-16～图 8-18 流线及流线上的速度矢量图可以看出，涡旋干式真空泵排气口流向呈螺旋状，吸气压力为 42kPa 和 101kPa 时，靠近排气侧压缩腔内气体压力大于排气压力，当压缩腔与排气口相通时，高压气体沿涡旋线方向从工作腔开口高速流出，呈螺旋线状上升，从泵腔排气口排出。吸气压力为 17kPa 时，靠近排气侧压缩腔内气体压力远小于排气压力，当涡旋压缩腔与排气口相通时，在压差作用下外界气体返流进入泵腔，在涡旋压缩腔入口处两气流相遇，入口处气体流速上升，流线分布密集。

8.4　涡旋真空泵内热场分析

流体流动的过程是动能、势能及内能等多种能量相互转换的过程。流动剧烈的地方，流体与壁面碰撞作用、流体分子间的碰撞及内摩擦作用剧烈，大量分子机械能转变为内能，使流体温度升高。同时，压缩气体做功也会导致流体温度升高。

图 8-19、图 8-20 和图 8-21 分别给出了吸气压力为 17kPa、42kPa 和 101kPa 时，动涡旋盘旋转一周过程中泵腔内的温度变化。为了便于观察，沿泵腔中心与 x-y 平面平行建立剖面进行观察。

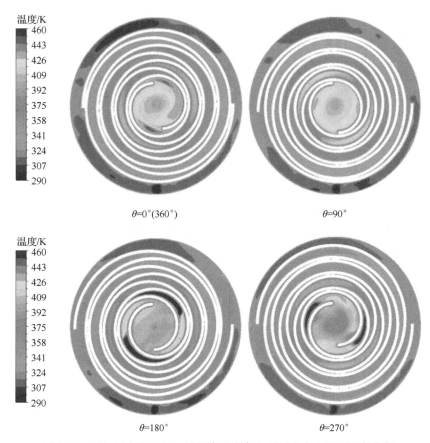

图 8-19　吸气压力为 17kPa 时涡旋干式真空泵泵腔中心平面温度分布

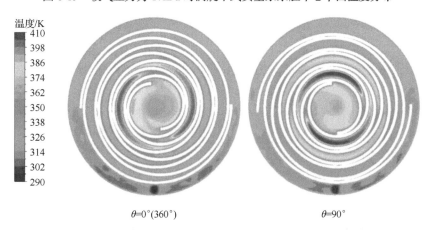

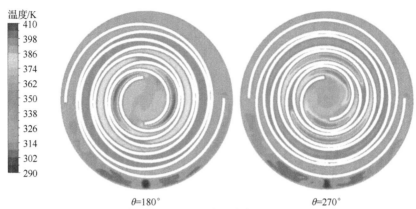

θ=180°　　　　　　　　　　θ=270°

图 8-20　吸气压力为 42kPa 时涡旋干式真空泵泵腔中心平面温度分布

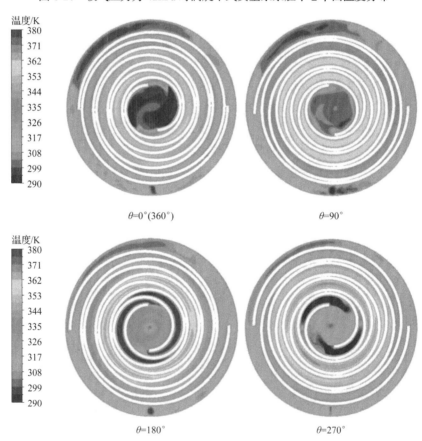

θ=0°(360°)　　　　　　　　　θ=90°

θ=180°　　　　　　　　　　θ=270°

图 8-21　吸气压力为 101kPa 时涡旋干式真空泵泵腔中心平面温度分布

当吸气压力为 17kPa 时，从图 8-19 中可以看出，涡旋真空泵剖面上温度沿径向从外圆周侧向中心呈递增趋势，在涡旋齿尽头温度达到最高，随后气体进入排气区域，伴随着气体的排出，温度有下降趋势，但并不明显。当 $\theta=0°$ (360°)时，外圆周侧恰好完成一次吸气过程，形成一个新的涡旋工作腔，随着动涡旋盘的转动，动静涡旋盘啮合点沿涡旋线方向向中心移动，月牙形工作腔容积逐渐变小，压缩气体做功，气体内部压力增大，温度逐渐升高。对于每个独立的涡旋工作腔，内部温度从外向内逐渐升高，这是由相邻泵腔之间存在间隙泄漏导致的。当动涡旋盘转过 $\theta=90°$ 时，开始进入排气阶段，月牙形工作腔一端与排气口相通，随着气体排出，有部分热量被带走，此端温度较该工作腔另一端有明显下降。随着动涡旋盘的进一步转动，排气腔中的气体在转子推动下逐渐排出泵外。

当吸气压力为 42kPa 时，从图 8-20 可以看出泵腔内温度分布趋势与吸气压力为 17kPa 时具有较高的一致性，流体温度由外向内逐渐升高，平均最高温度分布在排气口附近的涡旋压缩腔内，但内外温差略有降低，排气温度略有下降。

图 8-21 给出了入口压力为大气压时泵腔温度分布，是典型的"过压缩"工作过程。从图中可以看出泵腔内温度分布呈脉动趋势，沿径向由外向内先递增后递减，排气区域内温度与流体入口处温度相近，与吸气压力为 17kPa 和 42kPa 时有明显差异。

参 考 文 献

[1] Launder B E, Spalding D B. Lectures in Mathematical Models of Turbulence[M]. New York: Academic Press, 1972.

[2] Wilcox D C. Turbulence Modeling for CFD[M]. La Canada: DCW Industries,1998.

[3] Anserson J D. 计算流体力学基础及其应用[M]. 吴颂平, 刘赵淼, 译. 北京: 机械工业出版社, 2007.

[4] Menter F R. Two-equation eddy-viscosity turbulence models for engineering applications[J]. AIAA Journal, 1994, 32(8): 1598-1605.

[5] 费祥麟, 胡庆康, 景思睿. 高等流体力学[M]. 西安: 西安交通大学出版社，1989.

[6] 尚庆, 张健, 周力行. QUICK 格式在湍流旋流流动数值模拟中的应用[J]. 计算物理, 2004, 21(4): 283-289.

[7] 傅德薰, 马延文. 计算流体力学[M]. 北京: 高等教育出版社, 2002.

[8] 杨琼方, 王永生, 张志宏, 等. 叶片数对喷水推进器性能影响的计算流体动力学分析[J]. 机械工程学报, 2009, 45(6): 222-228.

[9] Li J, Su M. Study on the turbine stator secondary flow using moving cylinders to simulate

rotating blades[J]. Proceedings of the CSEE, 2009, 29(26): 92-100.

[10] 张来平, 邓小刚, 张涵信. 动网格生成技术及非定常计算方法进展综述[J]. 力学进展, 2010, 40(4): 424-434.

[11] Tamura Y, Fujii K. Conservation law for moving and transformed grids[C]. AIAA 11th Computational Fluid Dynamics Conference, 1993: 733-735.

[12] 郝继光, 姜毅, 韩书永, 等. 一种新的动网格更新技术及其应用[J]. 弹道学报, 2007,19(2): 88-92.

[13] 敬军, 郑立捷, 王锴, 等. 计算流体力学中变形运动边界处理方法及应用[J], 中国舰船研究, 2007, 2(2): 57-62.

[14] Voorde J V, Vierendeels J, Dick E. Development of a laplacian-based mesh generator for ALE calculations in rotary volumetric pumps and compressors[J]. Computer Methods in Applied Mechanics and Engineering, 2004, 193(39-41): 4401-4415.

[15] Li Z Y, Li L S, Zhao Y Y, et al. Theoretical and experimental study of dry scroll vacuum pump[J]. Vacuum, 2009, 84(3): 415-421.

[16] Li Z Y, Li L S, Zhao Y Y, et al. Test and analysis on the working process of dry scroll vacuum pump[J]. Vacuum, 2010, 85(1): 95-100.

[17] Sawada T, Kamada S, Sugiyama W, et al. Experimental verification of theory for the pumping mechanism of a dry-scroll vacuum pump[J]. Vacuum, 1999, 53(1): 233-237.

第 9 章

涡旋真空泵的应用

半导体、新材料和生物制药等行业的飞速发展，对真空获得设备提出了两个新的要求：极限真空度要高，以及获得无油污染的清洁真空环境。为了获得更清洁的真空环境，机械无油真空泵应运而生，目前应用的无油真空泵主要有多级罗茨泵、螺杆泵、爪型泵和涡旋泵[1]。涡旋真空泵的研制始于 20 世纪 80 年代末，1987 年，三菱公司首次成功开发涡旋真空泵，在结构和性能上显示了独特的优势。之后，日本日立、日本岩田、英国 Edwards、美国 Varian 等公司也相继推出了无油涡旋真空泵样机[2-3]。其他机械式真空泵单级泵的极限真空度往往较低，因此常采用多级串联的形式，以达到较高的真空度，而涡旋真空泵不需要采用多级串联的形式就能达到较高的真空度，所以它在干式真空泵领域有自己独特的优势。

涡旋无油真空泵主要有以下特点：

（1）间隙小，泄漏少，具有较高的真空度。

（2）结构简单，零部件少。

（3）工作压力范围宽，由于工作腔容积变化连续，因而驱动力矩变化小，功率变化小。

（4）振动噪声小，可靠性高。

（5）由于其型线本身特点的限制，涡旋真空泵不易做成抽气速率较大的泵，目前一些厂家的涡旋真空泵抽气速率可以达到 16L/s。

9.1　涡旋真空泵在薄膜工程中的应用

　　薄膜的制备方法可以分物理气相沉积法（physical vapor deposition，PVD）和化学气相沉积法（chemical vapor deposition，CVD）。物理气相沉积法包括真空蒸镀、离子镀膜、溅射镀膜等，化学气相沉积法包括低压化学气相沉积法、等离子增强化学气相沉积法、金属有机物化学气相沉积法等[5-6]。干净无污染的真空环境是物理气相沉积法生成薄膜的基础，也是化学气相沉积法生成高质量薄膜的关键之处[7-8]。涡旋干式真空泵可以在大气压下启动，作为预抽泵和前级泵，为薄膜制备提供稳定、清洁的真空环境。

　　真空蒸镀即真空蒸发镀膜，是制备薄膜最一般的方法。这种方法是把装有基片的真空室抽成清洁无污染的真空，使气体压强达到 10^{-2}Pa 以下，然后加热镀料，使其原子或分子从表面气化逸出，形成蒸汽流，入射到温度较低的基片表面，从而凝结成固态薄膜[9-10]。

　　离子镀膜是在真空条件下，利用气体放电使气体或被蒸发物质电离化，在气体离子或被蒸发物质离子轰击作用的同时，把蒸发物质或其反应物质蒸镀在基片上。

　　溅射镀膜是在真空室中，利用气体放电使气体电离，其正离子在电场的作用下高速轰击阴极靶体，从而击出阴极靶体的原子或分子，飞向被镀基体表面沉积成薄膜。应用于现代工业生产的溅射镀膜方式主要有射频溅射、磁控溅射和反应溅射等。

　　真空技术是薄膜制备技术的基础，薄膜制备的关键之处在于所处环境的真空度，真空度的高低会对薄膜的特性产生较大的影响，获得并保持所需的真空环境，是镀膜的必要条件。图 9-1 为真空镀膜的示意图，涡旋真空泵可以对系统进行预抽，或作为高真空获得设备的前级泵使用，是为薄膜制备提供清洁真空的主要设备之一。

　　工程上人们已经将涡旋真空泵应用于镀制光学薄膜。光学薄膜的应用无处不在，人们熟悉的光学仪器，例如望远镜、显微镜、照相机、测距仪，以及日常生活中的镜子、眼镜、放大镜等，它们都离不开光学薄膜。光学薄膜是指涉及光在传播路径过程中，附着在光学器件表面的厚度薄并且均匀的介质膜层，利用光通过介质膜层时的反射、透（折）射和偏振等特性，以达到所需的在某个或多个波段范围内的全部透过、全部反射或是偏振分离等各特殊形态的光。随着科学技术的发展，光学薄膜不再局限于纯光学器件上的应用，在光通信器件与光电器件上也获得了广泛应用。光纤通信技术是实现信息高速传播建设的基础，光学薄膜技术在其中发挥着不可替代的作用，尤其是在光纤通信的无源器件与有源器件中[11]。无源器件是微波射频器件中重要的一类，主要包括电阻、电容、转换器、渐变器、匹配网络和开关等，利用光学薄膜可以对光信号传播特性加以改变；有源器件主要是掺铒光纤放大器（erbium-doped fiber amplifier，EDFA），EDFA 在工作光波中具有不同的增益，在长距离通信中会有十几个甚至几十个 EDFA，会形成严重的增益叠加效果，利用光学薄膜对 EDFA 的增益进行平缓处理，可以减小增益效果的叠加。

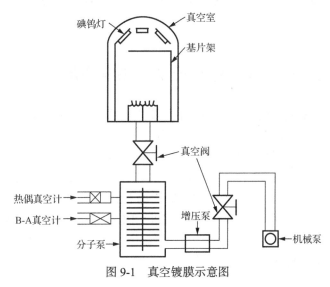

图 9-1　真空镀膜示意图

涡旋真空泵在微纳和大规模集成电路制造方面也有广泛的应用。现有微电子器件的主要材料是极纯的硅、锗、镓、砷等晶体半导体。纳米电子器件以有机或有机/无机复合晶体薄膜为主要原料，要求纯度更高，结构更完善。清洁的真空环境可以为纳米电子元件的制备提供所需的基本构架。超大规模集成电路（very large scale integration circuit，VLSI）是一种将大量晶体管组合到单一芯片的集成电路，广泛用于计算机里的控制核心微处理器[12]。在超大规模集成电路的制造过程中，薄膜沉积是关键的步骤，利用高真空磁控溅射镀膜是超大规模集成电路镀膜的主要制备方法，涡旋干式真空泵可以为其提供洁净的真空环境。集成电路经历了中小规模、大规模和超大规模发展阶段，目前正进入甚大规模集成电路阶段。基于超大规模集成电路技术的发展，系统集成芯片技术、微电子机械技术、真空微电子技术、神经网络芯片和生物芯片、砷化镓集成电路、锗硅集成电路、基于量子效应的单电子器件和量子集成电路等，也正在成为 21 世纪人们研究的热点。

在硬质涂层镀制过程中涡旋真空泵也起到了不可替代的作用。硬质涂层是指在刀具、磨具等零部件的表面上涂覆耐磨的 TiC、TiN 或 Al$_2$O$_3$ 等薄膜层，从而形成表面涂层硬质合金。硬质涂层增加了原有合金的硬度与耐磨性，在一些刀具上进行硬质涂层处理可以减小刀具与工料之间的摩擦系数，从而使刀具的切削力有一定程度的降低，延长刀具的使用寿命。

9.2 涡旋真空泵在医疗设备上的应用

9.2.1 涡旋真空泵在医疗负压抽气系统中的应用

在医学上越来越多的治疗方法、手段要用到真空负压抽气系统，涡旋干式真空泵可以为真空负压治疗提供洁净真空环境。

对免疫组织抗原检测来说，用以往常规的抗生物素蛋白-生物素-过氧化物酶复合物（avidin-biotin-peroxidase complex，ABC）方法来显示 1 型人乳头瘤病毒（HPV-1）抗原，需要用酶消化处理甲醛固定的石蜡切片，但是这个过程耗时较长，切片容易脱落，或者背景较深[13]。为了改进 ABC 方法，出现了 4℃恒温箱孵育处理，以使抗原、抗体更加充分地结合，但容易造成背景染色；用振荡器来振洗切片，使未结合的抗体被彻底清除，但这样会增加切片脱离载片的机会；利用微波技术来加速免疫组化的染色，但操作过程复杂，操作条件严苛。而真空负压 ABC 方法可以很好地解决上述问题，利用真空负压 ABC 方法来显示 HPV-1 抗原，可以增加其敏感性，提高结合率，提高抗体的稀释度，降低成本。还可以减少操作所需时间，简化步骤，免去用蛋白酶消化，提高了染色的成功率。

负压封闭引流（vacuum sealing drainage，VSD）技术是指用含有引流管的聚乙烯乙醇水化海藻盐泡沫敷料（VSD 敷料）来覆盖或填充皮肤、软组织缺损的创面，将内部含有多侧孔的引流管置入，再用生物半透膜对之进行封闭，使其形成一个封闭的空间，接通洁净真空负压源，通过持续可控的真空负压来促进创面愈合的一种全新的治疗方法。涡旋干式真空泵可以为 VSD 技术提供一个稳定、连续、可控的洁净真空负压环境。

在糖尿病足治疗和护理中，传统的换药技术治疗时存在创面的愈合时间较长甚至难以愈合的问题，而应用 VSD 技术来治疗糖尿病足可以加速伤口愈合，减少换药次数，减轻患者痛苦，并减少因暴露创面给患者造成的不适感，避免交叉感染发生的机会，减轻护理工作量，缩短患者的住院时间[14-19]。VSD 技术在脊柱融合术后感染、四肢开放性骨折的治疗中也具有显著的效果。对于脊柱融合术后感染问题，采用真空负压封闭引流治疗能够及时控制感染，防止感染复发[20-21]。结合 VSD 技术的外固定架治疗四肢严重开放性骨折的治疗方案，能够在迅速有效地稳定骨折的同时，安全有效地封闭创面，缩短二期创面修复时间，并且促进骨骼愈合，减少并发症。VSD 技术同时还可以应用于烧伤患者的皮肤清创治疗，以及各种在术中需要清理血污、泡沫、杂物等的治疗过程。

真空负压旋切系统是一种新型的切割肿瘤仪器，它是通过活检取样探针、控制器及相关软件在洁净真空下运行工作的。传统的手术切除创伤面大、恢复慢，并且术后容易留下瘢痕，真空负压旋切系统开辟一条新途径，其具有微创、操作简单和术后恢复快的特点，完美契合了患者与医者的需求。在手术切除的过程中，真空负压旋切系统的旋切刀具可以调节大小，自动旋转，在彩超的引导下可以实现连续切割，缩短了手术时间，并且真空负压旋切系统带有麻醉剂通道，用在多病灶切除术中可以随时补充麻醉剂，以减轻患者的疼痛。目前应用于临床上的真空负压旋切系统主要有 EnCor、Mammotome 和 Vacora，其中 EnCor 真空负压旋切系统具有更多人性化的设计和更强大的功能[22-31]。

真空负压静脉采血系统是由采血真空管和双向采血针组合而成，是集采血与盛血为一体的采血系统，真空负压静脉采血不仅缩短了采血时间，提高了检验准确率、减少了患者的痛苦，而且使护士在操作过程中减少与血样的过多接触，避免了交叉感染，同时真空负压静脉采血系统的管内预加有各种抗凝剂及分离胶，血液与抗凝剂的比例固定，减少了操作误差，并且采血速度快、省力、流量大、不易溶血，减少了病人的恐惧。真空负压静脉采血系统需要洁净的环境，并且对真空度有一定的要求，涡旋干式真空泵能够为其提供洁净的真空环境。

9.2.2　涡旋真空泵在蛋白质类药物制备中的应用

通常将蛋白质类药物制备成固体制剂，是为了使蛋白质类药物具有较好的稳定性，蛋白质类药物制备最常用的方法是真空冷冻干燥（vacuum freeze drying）技术。在蛋白质类药物的真空冷冻干燥过程中，需要时刻保持清洁无污染的真空环境，涡旋干式真空泵根据所需的真空度，可以单独作为抽气系统的主泵或作为抽气系统的预抽泵和前级泵，图 9-2 为真空冷冻干燥机组的组成示意图。真空冷冻干燥就是将需要干燥的物料在低温下先行冻结至其共晶点以下，使物料中的水分变成固态的冰，然后在适当的真空环境下升华干燥，除去冰晶，待升华结束后再进行解吸干燥，除去部分结合水，从而获得干燥的药品[32-33]。冷冻干燥过程主要可分为预冻、一次干燥（升华干燥）和二次干燥（解吸干燥）三个步骤。与其他干燥方法（如热风烘干、喷雾干燥、蒸发、远红外线烘干、微波干燥等）相比，药品冷冻干燥法有极大的优越性：①药液在冻结前分装，剂量准确；②由于在低温、真空状态下完成整个干燥过程，因而保持了生物的活性，尤其对于热敏和易氧化的物料；③冻结时被干燥药品可以形成"骨架"，干燥后能保持原形，体积几乎不变；④冻干药品疏松多孔，呈海绵状，复水性好，可迅速吸水还原成冷冻干燥之前的状态；⑤药品脱水彻底，能长期保存。

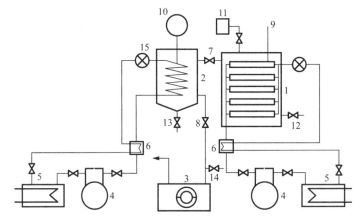

1-冻干箱；2-冷凝器；3-真空泵；4-制冷压缩机；5-水冷却器；
6-热交换器；7-冻干箱冷凝器阀门；8-冷凝器真空泵阀门；9-板温指示；
10-冷凝温度指示；11-真空计；12-冻干箱放气阀门；13-冷凝器放出口；
14-真空泵放气口；15-膨胀阀

图 9-2　真空冷冻干燥机组组成示意图

9.3　涡旋真空泵在大科学工程和先进仪器上的应用

9.3.1　涡旋真空泵在同步辐射光源中的应用

同步辐射光源（synchrotron radiation light source）是指产生同步辐射的物理装置，它是一种利用相对论性电子（或正电子）在磁场中偏转时产生同步辐射的高性能新型强光源[34]。同步辐射光源的一个重要部件是光学反射镜，强度高的同步辐射入射到反射镜上，必然会导致许多问题的发生。如果反射镜处在一个含碳氢化合物且真空度较低的环境中，高强度的辐射必然会引起碳氢化合物的分解，造成镜面上覆盖一层裂解的碳，反射率大大降低，因此反射镜需要表面无碳氢化合物且在高真空的环境[35-37]。涡旋干式真空泵可以作为抽气系统的一部分，为其提供洁净的真空环境。

同步辐射光源的建造及其相关的研究、应用经历了三代的发展。第一代同步辐射光源的水平发射度只能达到 200nm·rad。随着同步辐射光源的科学价值逐渐被研究者所认同、接受，第二代同步发射光源迅速替代了第一代，其水平发射度可以达到 100nm·rad。第二代同步辐射光源给科学技术的研究带来了巨大的推动力，这加速了第三代同步辐射光源的诞生，第三代同步辐射光源的水平发射度通常都可以达到 10nm·rad 量级，并且借助波荡器和扭摆器，不仅使光谱的耀度提高了几个数量级，而且可以灵活地选择光子的能量和偏振性。

微机械加工技术由于同步辐射光源的应用而有了飞速的发展。人们曾经用微电子学的方法制成了一些用于人造卫星、计算机通信、医药及生命科学等方面的微电子机械，如微齿轮、微马达、微型泵等，但造价昂贵，并且由于结构太薄（1～3μm），制造过程极易破碎。采用同步辐射中的 X 光进行深度光刻，这种微机械的厚度可以达到几百微米而且极其牢固，使微机械可以做得更加精巧、功能更加丰富，还可用复制的方法大批生产而降低成本。

光刻芯片上的线路密集，必须采用波长合适的光来刻蚀，太长太短都会使图形变模糊；此外光束的方向还必须是高度集中的，否则也会导致图形的弥散。同步辐射光源具有准直性好、强度高和衍射极小的优点，在光刻芯片中可以大大缩小光刻线的线宽。同步辐射已经可以制造 0.07mm 的芯片，具有很好的实用价值。

同步辐射光源在制造亚微米线宽的大规模集成电路和细微加工中具有突出的优点，广泛应用同步辐射是大规模集成电路和细微加工行业的发展趋势。

普通光学显微镜由于分辨率本身的限制，不能看清大小只有几十纳米甚至更小的病毒的形貌或细胞的内部结构；而电子显微镜虽然可以看清一切细胞或病毒的结构，但由于电子必须在真空中运行，而且电子对于水和蛋白质、碳水化合物等的穿透能力几乎相同，所以生物必须进行切片、染色、脱水、干燥才能进入真空室中观察，这样生物都成了"死物"，看到的形象与真实情况不同。利用同步辐射光源的 X 光显微镜，可以直接观察活的细胞或细胞器的超微结构以及内部活动情况。

物质对光的吸收谱线的位置代表着物质微观状态的能量结构，光电子能谱可判别表面原子的种类和决定表面电子态。利用同步辐射光源的光电子能谱，能够以单色化的同步光作为激发光源，在研究表面材料、界面电子及原子结构时，可以提供对表面极为敏感的信息。

同步辐射光源为研究物质的微观动态结构和各种瞬态过程提供前所未有的手段和机会，为众多前沿科学领域的研究提供一种先进又不可替代的工具。同步辐射光源是具有从远红外到 X 光范围内的连续光谱、高强度、高度准直、高度极化、特性可精确控制等优异性能的脉冲光源，可用于其他光源无法实现的许多前沿科学技术研究。当今的同步辐射已经成为一个重要的科学研究平台，它的应用领域已经覆盖了物理、化学、生物、材料、医药、地质等众多领域，已经成为衡量一个国家科研水平的重要标准。

9.3.2 涡旋真空泵在超导托卡马克装置中的应用

托卡马克（tokamak），是一种利用磁约束来实现受控核聚变的环形容器。其名字来源于环形（toroidal）、真空室（kamera）、磁（magnet）、线圈（kotushka）。最初是由库尔恰托夫研究所的阿齐莫维齐等在 20 世纪 50 年代发明的。托卡马克的中央是一个环形的真空室，外面缠绕着线圈。在通电的时候托卡马克的内部会产生巨大的螺旋型磁场来约束等离子体，并通过微波加热、中性束加热等方法，将其中的等离子体加热到很高的温度，以达到核聚变的目的[38-39]。

EAST 装置的全称为"先进实验超导托卡马克"（experimental advanced superconducting tokamak），是中国科学院等离子体物理研究所自主设计建造的世界上首个非圆截面全超导托卡马克核聚变实验装置。EAST 抽运机组配置如图 9-3 所示，涡旋干式真空泵可以作为前置机械泵来对真空系统进行预抽，并且也可作为罗茨泵的前级泵。

EAST 的建造具有十分重大的科学意义，它不仅是一个全超导托卡马克，而且具有改善等离子体约束状况的非圆截面的等离子体位形，它的建成使我国成为世界上少数几个拥有这种类型超导托卡马克装置的国家，使我国磁约束核聚变研究进入世界前沿。在 EAST 装置建成后，能对稳态先进的托卡马克核聚变堆的前沿性物理问题开展探索性的实验研究，并使中国在人类开发清洁而又无限的核聚变能领域内做出重大贡献。

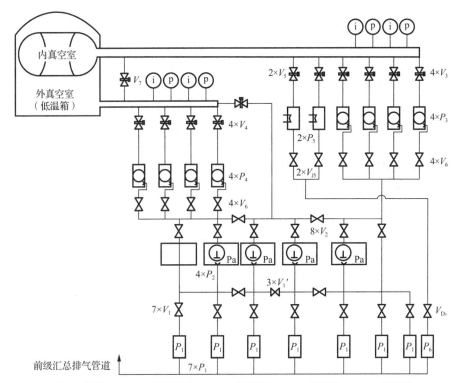

P_1-前置机械泵 2X-70；P_2-罗茨泵 ZJ-600；P_3-分子泵 F400；P_4-分子泵 F250；P_5-低温泵；
P_6-机械泵（如涡旋真空泵 15L/s）；V_1-电磁阀 DDC-JQ80；V_1'-蝶阀 JIQ-100；V_2-蝶阀 JIQ-200；
V_3-闸阀 ZBFQ-400；V_4-闸阀 ZBFQ-250；V_5-闸阀 ZBFQ-300；V_{D5}-电磁阀 DDC-JG50；
V_{J5}-电磁阀 GDC-J50；V_6-角阀 GDQ-J65；V_7-闸阀 ZBFQ-150

图 9-3　EAST 抽运机组配置示意图

9.3.3　涡旋真空泵在扫描电子显微镜中的应用

扫描电子显微镜是介于透射电镜和光学显微镜之间的一种观察微观形貌的显微镜，可直接利用样品表面材料的物质性能进行微观成像。扫描电子显微镜由电子光学系统、信号收集系统、显示系统、真空系统及电源系统组成，真空系统主要包括真空泵和真空柱两个部分，电子显微镜之所以要有真空系统是因为：①电子束系统中的灯丝在普通大气中会迅速氧化，在使用时需要抽成真空；②高真空增大了电子的平均自由程，使得用于成像的电子更多[40-42]。图 9-4 为扫描电子显微镜真空系统示意图，涡旋真空泵可以作为抽气系统的预抽泵及前级泵。

扫描电子显微镜广泛应用于材料研究中，材料剖面的特征、零部件内部的结构及损伤的形貌，都可以借助扫描电子显微镜来判断和分析，反射式的光学显微镜直接观察大块试样很方便，但其分辨率、放大倍数和景深都比较低。而扫描电子显微镜的样品制备简单，可以实现试样从低倍到高倍的定位分析。

金属材料零部件在使用过程中为了防止表面腐蚀，常常要在其表面镀上一层薄膜，由于镀膜的表面形貌和深度对使用性能具有重要影响，所以常常被作为研究的技术指标。扫描电子显微镜可以克服光学显微镜放大倍数的局限性，很容易观察到镀膜的表面形貌，并且样品无须制备，只需直接放入样品室内即可放大观察。

扫描电子显微镜匹配 X 射线能谱、X 射线波谱和成分分析等电子探针附件，可以用来分析样品的化学成分、结构等信息，克服了由于样品材料内部存在体积细小的夹杂物，而无法使用化学方法进行定位的困难。在纳米材料方面，扫描电子显微镜对纳米级别材料的形貌观察和尺寸监测方面的操作过程简单、可操作性强，正被大量地采用。

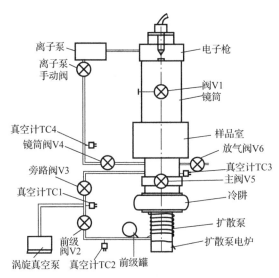

图 9-4　扫描电子显微镜的真空系统示意图

9.3.4　涡旋真空泵在质谱仪中的应用

质谱仪利用高能电子流等轰击样品分子，使该分子失去电子变为带正电荷的分子离子和碎片离子，这些不同离子具有不同的质量，质量不同的离子可根据磁偏转半径或飞行时间不同等原理分离，形成质谱图。质谱仪一般包括进样系统、离子源、质量分析仪、检测器和记录系统等，还包括真空系统和自动控制数据处理等设备[43-44]，现代质谱仪的典型真空系统一般包括作为主泵的涡轮分子泵和作为预抽泵、前级泵的涡旋真空泵或隔膜泵。

　　质谱仪按其功能可以分为有机质谱仪、无机质谱仪、同位素质谱仪。其中有机质谱仪主要用于有机化合物的结构鉴定，它能提供化合物的分子量、元素组成以及官能团等结构信息，分为四极质谱仪、离子阱质谱仪、飞行时间质谱仪和磁偏转质谱仪等。无机质谱仪主要用于无机元素微量分析和同位素分析等方面，无机质谱仪又分为火花源质谱仪、离子探针质谱仪、激光探针质谱仪、辉光放电质谱仪、电感耦合等离子质谱仪。火花源质谱仪不仅可以进行固体样品的整体分析，而且可以进行表面和逐层分析甚至液体分析；激光探针质谱仪可以进行表面和纵深分析；辉光放电质谱仪分辨率高，可以进行高灵敏度、高精度分析，适用范围包括元素周期表中绝大多数元素，分析速度快，便于进行固体分析；电感耦合等离子体质谱仪的谱线简单易认，灵敏度与测量精度均较高。同位素质谱仪的特点是测试速度快，结果精确，样品用量少（微克级），能精确测定元素的同位素比值，广泛用于核科学、地质年代测定。

　　涡旋真空泵除了在上述科学领域中的应用外，在真空炉、食品包装行业也备受青睐[45-50]。真空炉是在一特定的空间内利用真空系统（由真空泵、真空测量装置、真空阀门等部件组成）将炉内气体排出，使炉腔内压强小于一个标准大气压，炉腔内从而实现真空状态。在食品包装行业中，为了延长食品的保质期，同时一定程度上保证食品的口感，需要将食品密封保存在一个干净卫生的真空状态中，涡旋干式真空泵能够为其提供一个洁净无油的真空环境，并且体积小、可靠性高，十分适合在包装行业使用。

　　总之，涡旋真空泵的间隙小、泄漏少，具有较高的真空度，并且结构简单，零部件少，振动噪声小、可靠性高，可以在大气压力至 5Pa 的压力范围内工作，并且提供清洁无油的真空环境的优点，使其在半导体大规模集成电路、太阳能薄膜电池、纳米材料、石油、化工等众多的科学研究领域和工业工程中被广泛使用。

参 考 文 献

[1]　杨静, 陈素君. 涡旋真空泵——一种具有发展潜力的无油泵[J]. 真空, 2009, 46(1): 42-46.

[2]　宁宪宁. 涡旋无油真空泵技术的发展与现状[C]. 真空获得与测量学术交流会, 2004.

[3]　黄英, 李建军, 韩晶雪, 等. 干式涡旋真空泵的发展与关键问题[J]. 真空, 2013, 50(3):26-29.

[4]　徐成海, 刘春姐, 张世伟, 等. 无油机械真空泵及其应用[J]. 真空电子技术, 2002(4):63-67.

[5]　张济忠. 现代薄膜技术[M]. 北京: 冶金工业出版社, 2009.

[6]　王学华, 薛亦渝. 薄膜制备新技术及其应用研究[J]. 真空电子技术, 2003(5): 65-70.

[7] 林永昌, 卢维强. 光学薄膜原理[M]. 北京: 国防工业出版社, 1990.

[8] 姜燮昌. 真空镀膜技术的最新进展[J]. 真空, 1999(5): 1-7.

[9] 王银川. 真空镀膜技术的现状及发展[J]. 现代仪器, 2000(6): 1-4.

[10] 邸英浩, 曹晓明. 真空镀膜技术的现状及进展[J]. 天津冶金, 2004(5): 45-48.

[11] 余东海, 王成勇, 成晓玲, 等. 磁控溅射镀膜技术的发展[J]. 真空, 2009, 46(2): 19-25.

[12] 张以忱. 真空镀膜技术[M]. 北京: 冶金工业出版社, 2009.

[13] 蔡俊杰, 朱梅刚, 黄新宇. 真空负压在免疫组织化学 ABC 法中的应用[J]. 中华病理学杂志, 1994, 23(1): 53.

[14] 林秀丽, 杨浩瑾, 周雷, 等. 真空负压封闭技术在糖尿病足治疗中的应用[J]. 实用医学杂志, 2010, 26(7):1243-1244.

[15] 孙艳艳. 真空负压静脉采血护理问题分析及防范对策[J]. 护士进修杂志, 2008, 23(18):1724-1725.

[16] 姚元章, 李英才, 王韬, 等. 真空负压封闭技术加外固定器治疗肢体开放性骨折[J]. 中华创伤骨科杂志, 2004, 6(8):867-870.

[17] 缪金透, 金宇, 董策. Drainobag 真空负压引流在甲状腺外科术后的应用[J]. 中国中西医结合外科杂志, 2009, 15(4):409-410.

[18] 李乃刚, 杨敏, 耿伏果. Encor 真空负压旋切系统在乳腺良性肿物切除术中的应用[J]. 中国微创外科杂志, 2012, 12(8):698-700.

[19] 于海霞, 栗大超, 孙岳, 等. 基于低频超声和真空负压的微创血糖检测研究[J]. 中国生物医学工程学报, 2008, 27(6):933-936.

[20] 胡光宇, 李新锋, 黄平, 等. 保留内置物清创联合真空负压封闭引流治疗早发性腰椎融合术后感染[J]. 脊柱外科杂志, 2010, 8(5): 278-282.

[21] 骆国钢, 张鸿振, 姚剑川, 等. 股骨颈骨折生物型全髋关节置换术后放置真空负压引流对围手术期失血量影响的病例对照研究[J]. 中国骨伤, 2015, 28(3): 210-213.

[22] 李浩, 黄展森, 张宇, 等. 真空负压吸引治疗勃起功能障碍的研究进展[J]. 中国男科学杂志, 2016(7): 68-72.

[23] 蔡俊杰, 朱梅刚, 黄新宇. 真空负压和常规 ABC 法显示 HPV-1 抗原的应用比较[J]. 中国组织化学与细胞化学杂志, 1993(4):63-65.

[24] 金晶. Drainobag 真空负压引流瓶在乳腺癌术后的应用[J]. 实用医学杂志, 2008, 8(23):67-68.

[25] 黄敏. 高真空负压引流装置在甲状腺术后的应用与护理[J]. 现代医药卫生, 2014(7):1051-1052.

[26] 裘华德, 王彦峰. 负压封闭引流技术介绍[J]. 中国实用外科杂志, 1998(4):233-234.

[27] 王顺富, 王学文, 蔡成, 等. 骨科负压封闭引流技术的临床应用[J]. 中华医院感染学杂志, 2007, 17(4): 420-421.

[28] 林阳, 陈安民, 李锋. 负压封闭引流技术在四肢皮肤软组织缺损中的应用[J]. 生物骨科材料与临床研究, 2007, 4(4): 12-14.

[29] 杨桂元, 钱祝银. 负压封闭引流技术研究进展[J]. 中国实用外科杂志, 2010(2):149-151.

[30] 刘三风, 刘志豪, 戴志波. 负压封闭引流技术(VSD)对各种复杂创面修复的临床研究[J]. 当代医学, 2009, 15(6):66-68.

[31] 王英, 李红晨. 负压封闭引流技术在骨科感染创面的应用[J]. 中华医院感染学杂志, 2012, 22(8):1602-1603.

[32] 张敬如, 黄复生, 王昆. 蛋白质药品的真空冷冻干燥技术及研究进展[J]. 中国药业, 2006, 15(13): 25-27.

[33] 董充慧, 苏杭, 张特立, 等. 真空冷冻干燥技术在生物制药方面的应用[J]. 沈阳药科大学学报, 2009, 26(B07): 76-78.

[34] 麦振洪. 同步辐射光源及其应用(下册)[M]. 北京: 科学出版社, 2013.

[35] 何多慧. 同步辐射光源的发展和展望[J]. 强激光与粒子束, 1990(4):387-400.

[36] 蒋迪奎, 李贵和. 同步辐射光刻光束线的真空系统[J]. 真空科学与技术学报, 1994(3):174-178.

[37] 关志远. 同步辐射 X 射线光刻光束线真空系统设计[J]. 光学精密工程, 1988(1):11-16.

[38] 郭全贵, 刘朗, 宋进仁, 等. 中国的超导托卡马克装置 HT-7U 用炭基面对等离子体材料的研究[J]. 新型炭材料, 2001(3): 64-68.

[39] 宋云涛, 姚达毛, 武松涛, 等. HT-7U 超导托卡马克装置真空室结构数值分析[J]. 机械工程学报, 2003, 46(7): 68-73.

[40] 姚骏恩. 电子显微镜的现状与展望[J]. 电子显微学报, 1998, 17(6): 767-776.

[41] 朱琳. 扫描电子显微镜及其在材料科学中的应用[J]. 吉林化工学院学报(自然科学版), 2007, 24(2): 81-84.

[42] 刘剑霜, 谢锋, 吴晓京, 等. 扫描电子显微镜[J]. 上海计量测试, 2003, 30(6): 37-39.

[43] 王桂友, 臧斌, 顾昭. 质谱仪技术发展与应用[J]. 现代科学仪器, 2009(6): 124-128.

[44] 回瑞华, 侯冬岩, 李铁纯. 气相色谱-质谱仪及其应用[J]. 鞍山师范学院学报, 2001, 3(3):41-44.

[45] 周俊. 超大规模集成电路的物理设计研究[D]. 上海: 同济大学, 2007.

[46] 章晓文, 林晓玲, 阮春郎. 国外超大规模集成电路的生产状况[J]. 电子产品可靠性与环境试验, 2005, 23(1): 23-28.

[47] 刘阳兴, 富宏军, 吴剑, 等. 多室连续式真空炉的研制与应用[J]. 真空, 2005, 42(2): 15-19.

[48] 贺忠厚, 李樟. 高压气淬真空炉发展及其应用[J]. 热处理技术与装备, 1997(2): 39-41.

[49] 安双利, 蒋迪奎, 郭盘林. 上海电子束离子阱装置真空控制系统[J]. 核技术, 2007, 30(2): 109-113.

[50] 孔明光. AMRAY-1000B 扫描电镜真空系统分析及维修[J]. 现代仪器, 2004(4): 60-61.